陕西榆神矿区麻黄梁煤矿水资源论证研究

宋英明　王　成　周正弘　吴冠宇　著

黄河水利出版社

·郑　州·

内容提要

本书对麻黄梁煤矿及选煤厂项目水资源论证中的用水合理性、矿井涌水水源和矿井涌水取水影响进行了重点分析、论证。在用水合理性分析中，从节约水资源的角度出发，结合相关标准和现状用水水平，核定项目用水量，并提出了系统的矿井水回用及外供方案，做到了矿井水可以全部利用；在矿井水取水水源论证中，结合解析法与水文地质比拟法分析正常工况下矿井水量；在矿井水取水影响论证中，通过不同方法计算每个钻孔的导水裂隙带发育高度，分析井田开采对地表水、地下水含水层以及其他用水户的影响，并提出相应的保护和补偿措施。

本书可供水利部门、环境保护部门从事水文研究、水资源管理、水资源论证等方面工作的专业技术人员、管理人员和大专院校相关专业师生参考使用。

图书在版编目(CIP)数据

陕西榆神矿区麻黄梁煤矿水资源论证研究/宋英明等著.—郑州:黄河水利出版社,2022.1
ISBN 978-7-5509-3229-6

Ⅰ.①陕… Ⅱ.①宋… Ⅲ.①地下采煤-水资源管理-研究-榆林 Ⅳ.①TD823

中国版本图书馆 CIP 数据核字(2022)第 022088 号

组稿编辑:王路平　电话:0371-66022212　E-mail:hhslwlp@163.com
田丽萍　66025553　912810592@qq.com

出 版 社:黄河水利出版社　网址:www.yrcp.com
地址:河南省郑州市顺河路黄委会综合楼 14 层　邮政编码:450003
发行单位:黄河水利出版社
发行部电话:0371-66026940、66020550、66028024、66022620(传真)
E-mail:hhslcbs@126.com
承印单位:广东虎彩云印刷有限公司
开本:890 mm×1 240 mm　1/32
印张:6.625
字数:190 千字
版次:2022 年 1 月第 1 版　印次:2022 年 1 月第 1 次印刷

定价:60.00 元

前　言

20 世纪 80 年代,《人民日报》头版刊发《陕北有煤海,优质易开采》,报道了榆林地区地下埋藏着千亿吨以上的优质煤炭资源,这个消息石破天惊,震动中外。多年来,榆林依托得天独厚的资源禀赋,在能化产业上不断发力,扩大能源生产规模,加快能源结构调整,煤油气盐等资源优势不断转化为经济优势,工业发展有力支撑了全省经济,能源开发为国家建设做出了贡献。

麻黄梁矿井是国家发展计划委员会批准的《陕西省榆神矿区一期规划区总体规划》(计基础〔2000〕1841 号)中的大型矿井之一,位于榆神矿区一期规划区的东南侧,开发建设单位为榆林泰发祥矿业有限公司(简称泰发祥矿业),陕西省煤炭生产安全监督管理局核定(陕煤局发〔2013〕68 号)的生产规模为 2.40 Mt/a。2021 年 7 月,泰发祥矿业委托黄河水资源保护科学研究院承担了麻黄梁煤矿及选煤厂项目的水资源论证工作。

黄河水资源保护科学研究院在接受委托后,在认真研究该项目地勘资料、可研资料的基础上,先后前往榆林市现场和周边地区开展了 3 次资料收集和调研工作,先后对榆神矿区一期规划区内已建的双山煤矿(1.2 Mt/a)、神树畔煤矿(3.3 Mt/a)、甘肃华亭矿区陈家沟煤矿(1.5 Mt/a)、陕西彬长矿区胡家河煤矿(5.0 Mt/a)、内蒙古准格尔矿区玻璃沟矿井(4.0 Mt/a)进行了实地走访,对采煤工艺、选煤工艺、矿井涌水处理工艺、采煤影响、矿山恢复、矸石充填情况等进行了深入调研,确定麻黄梁煤矿及选煤厂项目水资源分析范围为榆林市全境,矿井水水源论证范围和取水影响论证范围为麻黄梁井田及其井田边界外延 500 m 区域,退水影响论证范围为项目工业广场区域、沙河沟水库及用水户。目前《陕西榆神矿区麻黄梁煤矿及选煤厂项目水资源论证报告书》已编制完成,等待黄河水利委员会审查。

本书为煤矿水资源论证项目案例,按照突出重点、兼顾一般原则,重点对麻黄梁煤矿及选煤厂用水合理性、矿井水取水水源以及取水影响等进行分析和阐述。

(1)按照国家、陕西省以及煤炭行业各项标准、规范的相关要求,结合对周边区域其他煤矿的实际调研结果,对项目的合理用水量进行核定;根据论证项目的用水特点,针对不同用水单元的用水水质要求,提出了矿井水分级处理、分质回用的方案,降低了水处理的难度与风险。

(2)在分析矿井充水因素的基础上,确定矿井开采时的直接充水含水层,依据收集的大量实测数据,分别用解析法(大井法)和比拟法(富水系数法)对矿井涌水量进行预算,综合两种方法的计算结果进行分析,确定合理的矿井涌水可供水量,并对矿井涌水水质保证程度、取水口位置合理性以及取水可靠性进行了分析。

(3)在分析井田水文地质条件的基础上,确定了地下水的保护目标层,选取井田可采区的所有钻孔对开采形成的导水裂隙带发育高度进行预测,绘制了勘探线剖面裂隙高度发育示意图。根据导水裂隙带发育高度计算结果,分别分析了井田开采对地下水保护目标层、地表水以及其他用水户的影响,提出了相应的水资源保护措施。

在《陕西榆神矿区麻黄梁煤矿及选煤厂项目水资源论证报告书》及本书编写过程中,得到榆林泰发祥矿业有限公司等单位的大力支持和帮助,项目参与成员李锐、刘永峰、李娅芸、赵乃立、潘剑光、史瑞兰、曹原等付出了辛勤劳动,在此一并表示诚挚的感谢!

由于作者水平有限,本书难免存在一些不足之处,敬请广大读者批评指正。

作 者

2021 年 12 月

目录

第1章　工程概况

2000年11月,国家发展计划委员会批复了《陕西省榆神矿区一期规划区总体规划》(计基础〔2000〕1841号),为更好地保护和适时合理开发利用陕北侏罗纪优质煤炭资源,原则同意对榆神矿区煤炭资源开发进行总体规划。

榆神矿区位于陕北侏罗纪煤田的中部,地跨陕西省榆林市榆阳区和神木县,是国家煤炭基地——陕北基地主力矿区之一,也是陕北榆林地区能源重化工基地建设的组成部分。根据榆神矿区一期规划区总体规划,矿区共划分为23个井田,其中建设规模在400万~1 000万t/a的特大型煤矿6个,建设规模在120万~150万t/a的大型煤矿5个,建设规模在60万~90万t/a的中小型煤矿5个,备用井田7个,该区域煤质优良、水文地质条件简单、可采煤层富存较稳定、煤层倾角平缓、顶底板条件较好,市场前景广阔。

榆林地处内陆,位于陕西省最北部。榆林地区的自然资源极其丰富,有着明显的资源互补综合开发优势,为榆林的产业开发和区域经济发展提供了良好的资源配置条件。对矿产资源而言,主要有8类40多种,集中分布在榆林、府谷、横山、靖边、定边、子洲、吴堡等地。按矿产种类分,能源矿产主要有煤、石油、天然气等,金属矿产主要有铝钒土、铁矿石等,非金属矿产主要有石灰岩、石英砂、泥炭、瓷土、食盐、高岭土等。本项目的开发对促进榆林市经济发展、调整煤炭产业结构起到了重要作用。

本章主要依据《榆林泰发祥矿业有限公司麻黄梁矿井及选煤厂初步设计》(中煤西安设计工程有限责任公司,2010年9月)、《榆林市榆阳区麻黄梁煤矿地质报告(修编)》(西安地质矿产勘查开发院,2018年6月)、《陕西榆神矿区一期规划区总体规划环境影响评价报告书(修编)》(中煤科工集团西安研究院,2012年2月)等文献及实际建设情况进行介绍。

1.1 榆神矿区总体规划概况

1.1.1 矿区范围、面积、煤炭资源总量

榆神矿区位于陕北侏罗纪煤田的中部，地跨陕西省榆林市榆阳区和神木县。矿区地理坐标为东经 109°38′～110°30′，北纬 38°17′～38°50′，北接神府东胜矿区，以 P_{60} 号钻孔与麻家塔沟连线以及其向西延长线为北界；东以 5^{-3} 煤（局部为 5^{-2} 煤）露头线为界；南以 2^{-2} 煤火烧边界线和 5^{-3} 煤露头线为界；西以榆溪河和 Y = 19 382 500 经线为界。南北宽 23～42 km，东西长 43～68 km，面积为 2 625 km^2。

榆神矿区一期规划区是榆神矿区的一部分，该区勘探程度较高，包括大保当详查区和金鸡滩-麻黄梁详查区，南北宽 29～38 km，东西长 32～40 km，含煤面积 925 km^2，详查地质储量约 160.8 亿 t。矿区交通位置示意图见图 1-1。

1.1.2 矿区井田划分及特征

根据榆神矿区一期规划区总体规划，矿区井田划分为 23 个井田，规划开发 16 个井田，初期（1998～2005 年）开发 6 个，建设规模 10.40 Mt/a；近期（2006～2015 年）开发 6 个，改扩建 5 个，建设规模 25.0 Mt/a；后期（2016～2025 年）开发 4 个，改扩建 10 个，建设规模 54.6 Mt/a，矿区开发服务年限 140 a，均衡生产时间 90 a。各井田特征见表 1-1，各规划矿区分布位置见图 1-2。

项目名称			起点	终点	里程(km)
高速公路网	四纵	包茂高速	陕蒙界	靖安界	254
		府商高速	府谷县	清延界	359
		神米高速	陕蒙界	米脂	209
		定汉高速	定边	定吴界	64
	四横	青银高速	王圈梁	吴堡	321
		榆佳高速	榆林市	佳县	87
		神府联络线	尔林兔	府谷	120
		清安高速	清涧	马家砭	14

项目名称			起点	终点	里程(km)	规划等级
干线公路网	四横	S205清延线	K0+000	K14+000	14	二级
		S301府神路	K0+000	K121+000	121	一、二级
		S302佳榆路	K0+000	K89+000	89	二级
		G307	K789+000	K1171+000	382	一、二级
	五纵	S204杨靖路	杨家坡	靖边	307	一、二级
		S206安镇路	K25+000	K58+000	33	二级
		G210包南线	陕蒙界	清延界	291	一、二级
		沿黄路	大峪口	贺家畔	301	二、三级
		S303宜定路	K335+300	K399+800	64.5	二级

榆林市干线铁路网				主要专支线铁路网		
	项目名称	市内控制点	市内里程	项目名称	市内控制点	市内里程
四横	准(格尔)朔(州)铁路	府谷县古城镇、哈镇	26 km	红柠铁路专用线	神木西、红柳林	42 km
	神(木)朔(州)铁路	大柳塔、店塔、新民、孤山、府谷	100 km	榆横铁路专用线	红石桥、白界乡、刘官寨	58 km
	神(木)瓦(塘)铁路	红柳林、刘家峁、马镇	59 km	小纪汉煤矿专用线	小纪汉乡、芹河乡	29.8 km
	太(原)中(卫)银(川)铁路	吴堡、绥德、子洲、靖边、定边	348 km	榆佳铁路专用线	刘千河乡、方塌镇、王家砭	52 km
一纵	包(头)西(安)第二通道	横山、靖边	140 km	靖边海则滩矿专线	海则滩、杨桥畔	16 km
	包(头)西(安)第一通道	神木、榆林、米脂、绥德、清涧	299.9 km	府谷至古城、煤炭铁路专线	古城、麻镇、黄甫镇、庙沟门	90 km
	准(格尔)神(木)—神(木)大(保当)	府谷大昌汗、神木、锦界、大保当	122 km	红石桥—乌苏海则煤专线	红石桥、乌苏海则	15 km

图 1-1　榆神矿区一期交通位置示意图

表 1-1　榆神矿区一期规划区总体规划中各井田特征一览

序号	井田名称	井田尺寸			可采煤层	矿井储量/Mt		设计生产能力/(Mt/a)		服务年限/a	开拓方式
		长/km	宽/km	面积/km²		地质	可采	近期	后期		
1	大保当井田	12.0	9.0	109	$2^{-2},3^{-1},5^{-3},5^{-2}$	2624.36	1837.05	5.0	10.0	123	斜井
2	杭来湾井田	12.0	7.7	88.5	$2^{-2},3^{-1},5^{-1}$	1351.95	946.37	8.0	8.0	63.8	斜井
3	西湾井田	18.0	3.5	55.8	2^{-2}	669.04	635.59	10.0	10.0	62.9	露天
4	常兴井田	4.0	3.9	15.6	$2^{-2},3^{-1},5^{-2}$	183.07	128.15	0.6	1.2	50.9	斜井
5	曹家滩井田	12.0	10.0	123	$2^{-2},3^{-1},4^{-2},4^{-3},5^{-2},5^{-3}$	3006.47	2104.53	3.0	10.0	106	斜井
6	金鸡滩井田	12.0	10.0	117	$2^{-2},3^{-1},4^{-2},4^{-3},5^{-2},5^{-3}$	2486.60	1740.62	3.0	8.0	92.9	斜井
7	榆树湾井田	13.0	8.5	85.7	$2^{-2},3^{-1},4^{-2},5^{-3}$	2275.28	1592.70	3.0	8.0	111.1	斜井
8	薛庙滩井田	5.2	5.3	27.6	$2^{-2},3^{-1},4^{-2},5^{-2},5^{-3}$	254.05	177.84	1.2	1.2	105.8	斜井
9	大梁湾井田	4.2	3.9	16.4	$2^{-2},5^{-2},5^{-3}$	174.35	122.04		1.2	66.3	斜井
10	麻黄梁井田	2.8	3.0	8.4	2^{-2}	112.81	78.97		0.6	94	斜井
11	柳巷井田	3.2	3.0	9.6	$2^{-2},4^{-2}$	123.82	86.67		0.6	103	斜井
12	千树塔井田	2.8	3.0	8.4	$2^{-2},4^{-2}$	130.94	91.66		0.6		斜井
13	海流滩井田	4.2	8.0	34.4	$2^{-2},3^{-1},4^{-2},4^{-3},5^{-2},5^{-3}$	311.06	217.74				备用
14	双山井田	3.8	3.0	11.4	2^{-2}	155.56	108.89				备用
15	半坡山井田	2.8	3.3	9.1	$2^{-2},4^{-2}$	119.90	83.93				备用
16	神树畔井田	3.0	4.5	13.2	$2^{-2},4^{-2},5^{-3}$	258.46	180.92				备用
17	小煤矿整合区			116.7		1143.07	800.16				
18	水源保护区			75.2		695.1	68.81				
	合计			925		16 075.89	11 002.64	33.8	59.4		

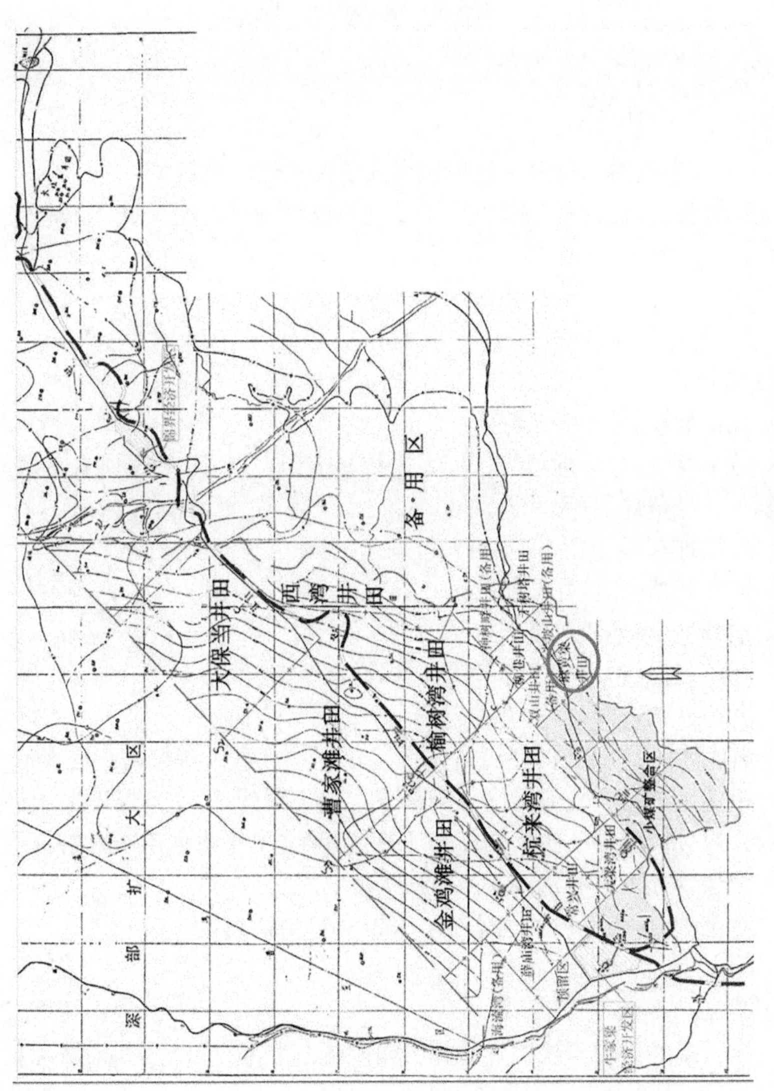

图1-2 榆神矿区一期井田分布示意图

1.2 麻黄梁煤矿概况

1.2.1 基本情况

项目名称:陕西榆神矿区麻黄梁煤矿及选煤厂项目。

建设性质:已建工程,矿井建设规模 2.4 Mt/a,配套同等规模选煤厂。

建设地点:榆林市榆阳区麻黄梁镇。

期限:麻黄梁煤矿 2011 年 12 月以 1.2 Mt/a 规模正式投入运行,2013 年核定生产规模为 2.4 Mt/a,剩余服务年限 17.66 a。

井田面积:约 17.68 km^2。

可采煤层:含煤地层为侏罗系中统延安组,主要可采煤层有 2 层,分别为 3 号薄煤层(平均厚 9.06 m)、3^{-1} 号煤层(平均厚 1.55 m)。

煤层埋深:一般 170~200 m。

矿井瓦斯:属低瓦斯矿井。

矿井地温:地温正常。

煤层:各煤层均有爆炸危险性,属易自燃煤层。

井筒开拓:斜井开拓方式。

开采水平:全区划分为 1 个水平,在 3 号煤层,标高为+1 102.5 m。

采选工艺:3^{-1} 号薄煤层采用薄煤层综采采煤法,3 号煤层采用综采放顶煤以及条带一次采全高膏体充填开采,工作面采用全部垮落法及充填法管理顶板。选煤采用动筛跳汰工艺。

盘区划分:全井田共划分 301、302、303、304 共四个盘区。

1.2.2 地理位置及交通

麻黄梁井田位于陕西省榆林市榆阳区东北部,行政区划隶属麻黄梁镇,其地理位置交通图见图 1-3。

麻黄梁井田目前已取得矿权的区域东、北分别与柳巷井田、半坡山井田相接,西北部与双山井田相邻,西南部以郝家梁井田东北界为界。

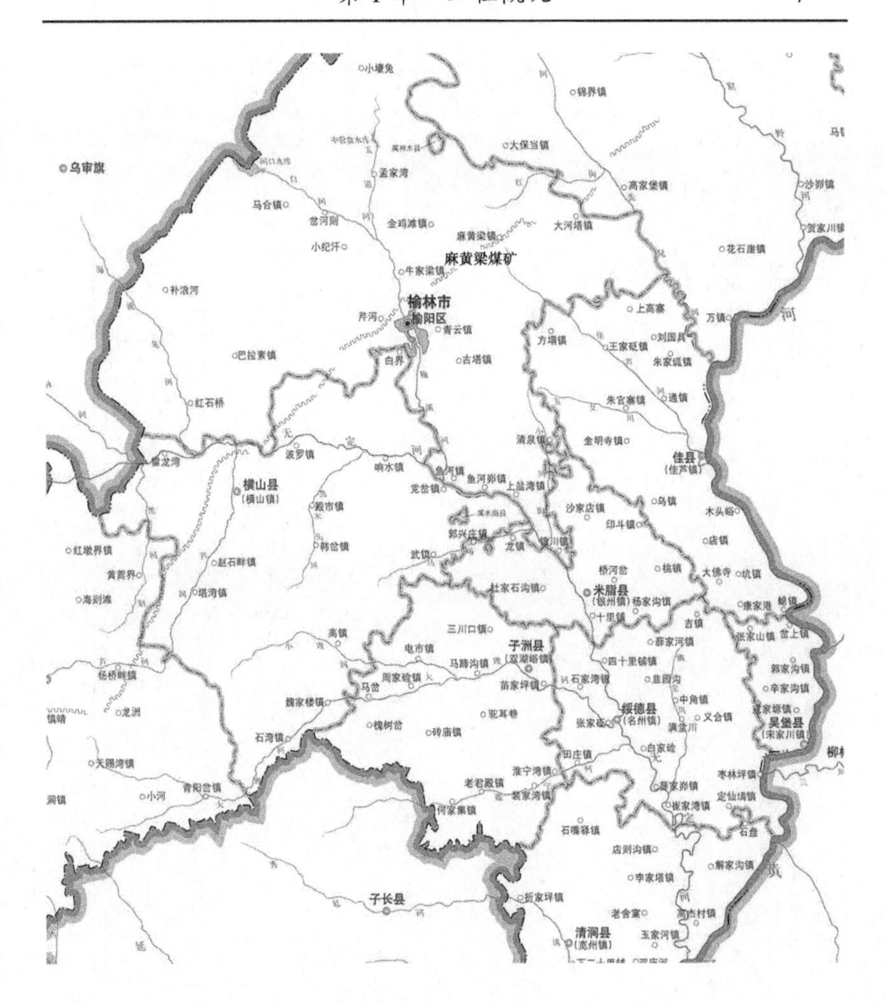

图 1-3　麻黄梁井田地理位置示意图

已取得矿权区域西北—东南方向长约 2. 88 km，西南—东北方向宽 2. 18~2. 94 km，面积约 7. 78 km^2，开采深度为+1 089~+1 120 m；目前正在办理矿权的南部外延区部分长约 3. 3 km、宽 3. 0 km，面积约 9. 9 km^2，井田总面积为 17. 68 km^2。井田境界各拐点坐标见表 1-2，井田范围及拐点编号见图 1-4。

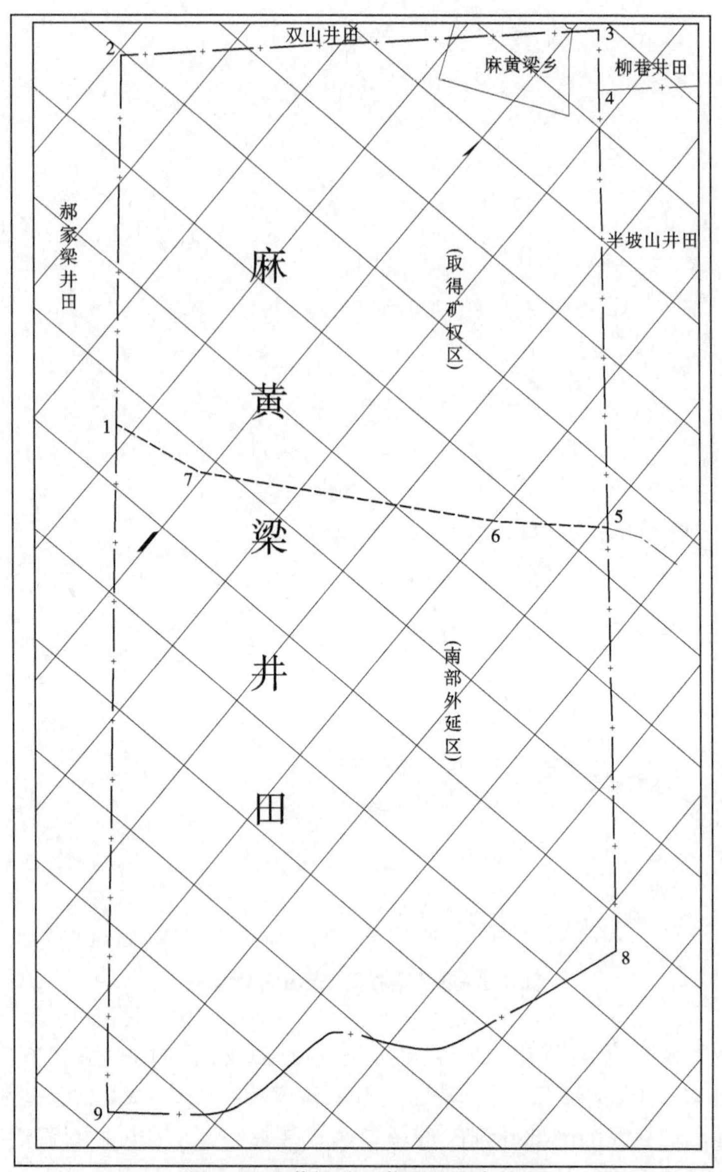

图1-4　麻黄梁井田范围及拐点编号

表 1-2　矿区范围拐点坐标

1980 西安坐标系			2000 国家大地坐标系		
拐点编号	X(m)	Y(m)	拐点编号	X(m)	Y(m)
1	4 255 239.26	37 409 319.43	1	4 255 244.964	37 409 434.276
2	4 256 928.26	37 407 948.41	2	4 256 933.961	37 408 063.250
3	4 258 889.29	37 410 051.42	3	4 258 894.998	37 410 166.255
4	4 258 620.29	37 410 278.42	4	4 258 625.999	37 410 393.256
5	4 256 671.28	37 411 976.45	5	4 256 676.993	37 412 091.293
6	4 256 255.27	37 411 425.44	6	4 256 260.981	37 411 540.284
7	4 255 334.26	37 409 872.43	7	4 255 339.966	37 409 987.276

1.2.3　地面总体布置及土地利用情况

1.2.3.1　地面总布置

麻黄梁煤矿地面布置工业场地、风井场地及进场公路,地面总布置示意图见图 1-5。

1. 工业场地

麻黄梁煤矿工业场地位于双山乡的西南侧约 1 km 处的山梁上,工业场地平面布置见图 1-6。根据工业场地地形条件、工艺布置、井口位置及建筑要求,工业场地主要分三个区布置:

(1) 主要生产区:位于场区东部和西部,由主斜井、动筛车间、产品仓、矸石仓、储煤场、锅炉房、地磅、风井、通风机房、井下水处理间、黄泥灌浆站、充填站及井下消防水池等组成。

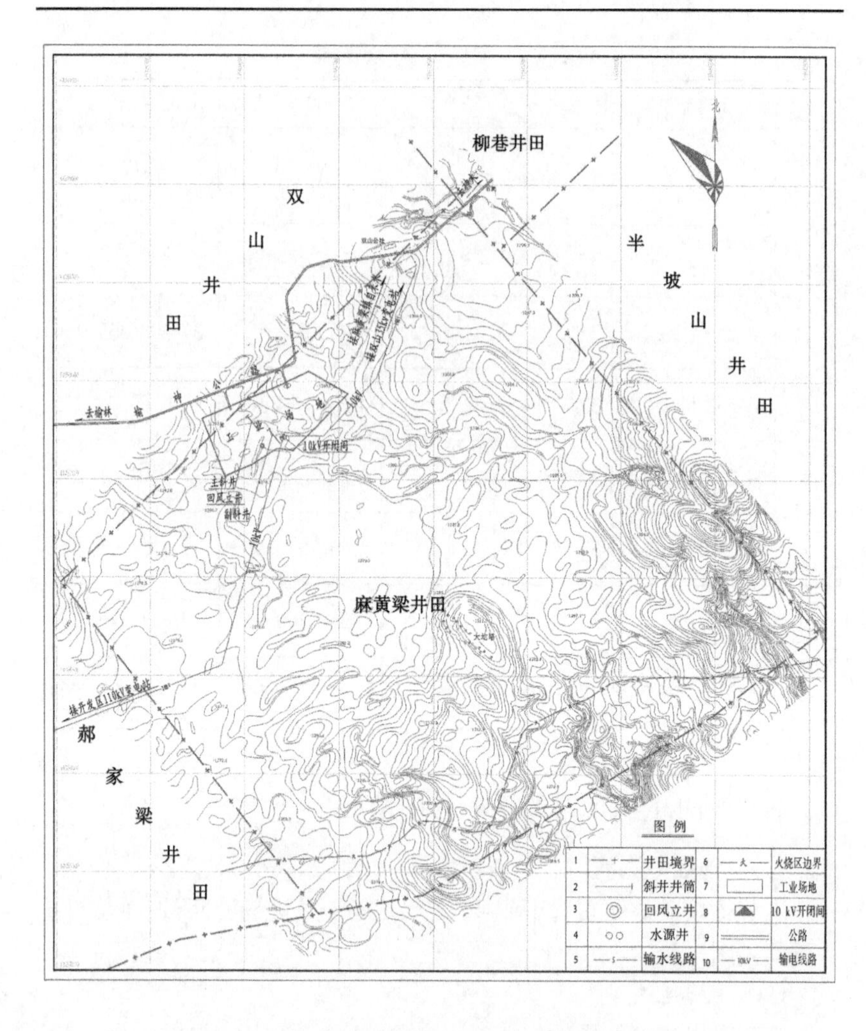

图 1-5 麻黄梁煤矿地面总布置示意图

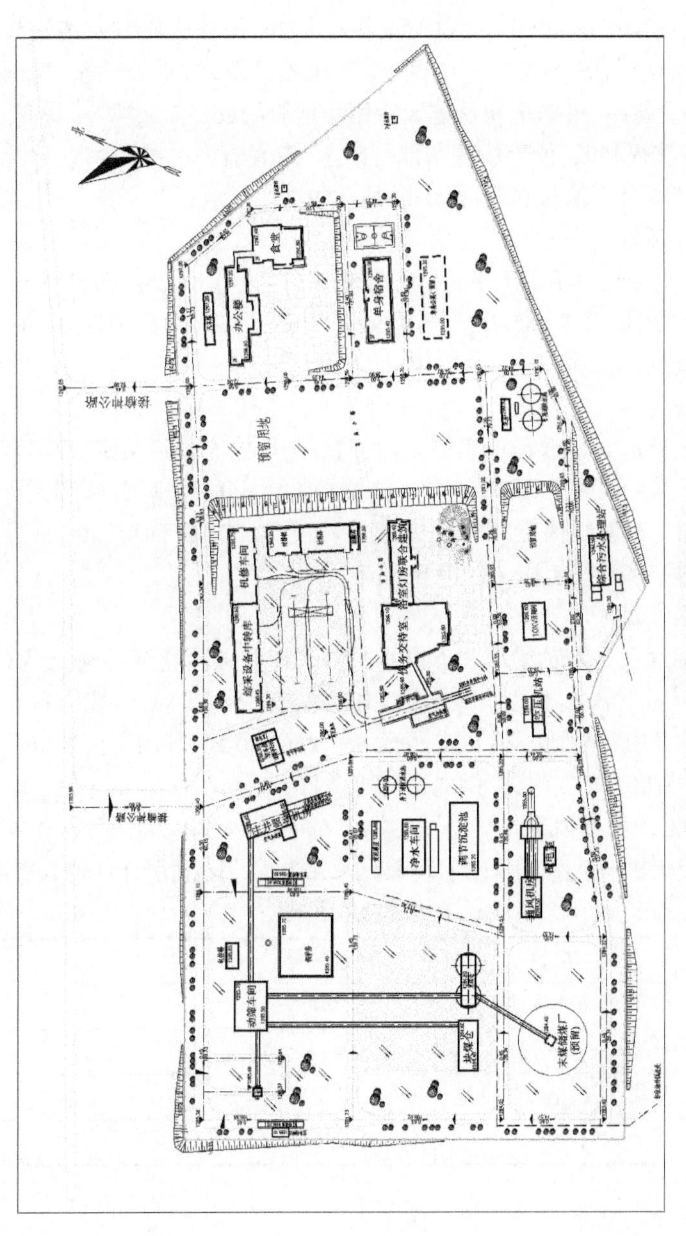

图 1-6　麻黄梁煤矿工业场地总平面布置示意图

(2)辅助生产区:位于厂区中部,由副斜井、任务交代室及浴室灯房联合建筑、绞车房、10 kV 开闭间、空气压缩机站、污水处理站、材料库棚、综采设备库、机修车间及露天专用场地等组成。

(3)行政福利区:位于场区东部台阶上,布置有办公楼、食堂、单身公寓、汽车库、日用消防水池、泵房以及一些预留场地。

2. 风井场地

回风立井场地位于本矿井工业场地内,井口坐标 X=4 257 669. 935,Y=19 409 095. 428,标高 1 285. 00。与本矿井主斜井井筒中心相距 40 m。井口东南设通风机房。

3. 进场道路

进场公路起自工业场地东侧大门,向北与旧榆府公路相接,线路全长 100 m。采用厂外二级道路标准,路基宽 7. 0 m,路面满铺,两侧人行道各 1. 3 m。路面结构采用 5 cm 厚沥青混凝土 AC-16 面层、20 cm 厚水泥稳定砂砾基层、25 cm 厚级配砂砾底基层。

4. 排水及供电工程

矿井用水引自麻黄梁镇井下供水干管。矿井地面建有一座 35 kV 变电站和一座 10 kV 开闭所。35 kV 变电站单回路 35 kV 电源引自麻黄梁开发区 110 kV 变电站,供电距离 8. 5 km。10 kV 开闭所供电电源引自双山 35/10 kV 变电站,供电距离 1. 2 km。

1. 2. 3. 2 土地利用情况

麻黄梁煤矿项目建设用地总规模为 24. 30 hm^2,用地情况详见表 1-3。

表 1-3 矿井建设用地一览 单位:hm^2

序号	项目	数量	备注
1	工业场地	21. 20	
2	进场公路	0. 40	
3	排水、供电设施占地	2. 70	
合计		24. 30	

麻黄梁煤矿工业场地实景见图 1-7。

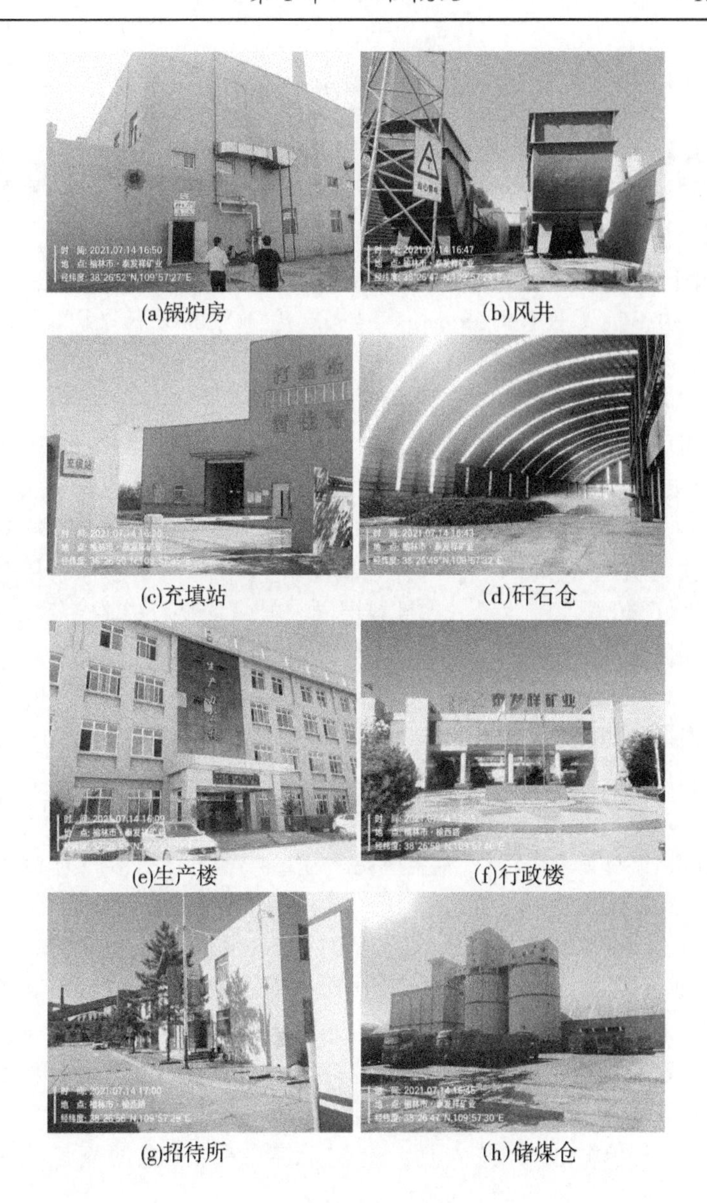

(a)锅炉房　(b)风井

(c)充填站　(d)矸石仓

(e)生产楼　(f)行政楼

(g)招待所　(h)储煤仓

图 1-7　麻黄梁煤矿工业场地实景

1.2.4 设计开采储量和服务年限

1.2.4.1 煤层特征

麻黄梁煤矿含煤地层为中侏罗统延安组(J_2y),可采煤层共2层,分别为3号、3^{-1}号煤层,埋深在+170~200 m。3号煤层基本全区可采,可采面积7.38 km^2,约占矿区面积的94.9%,煤层厚度变化在7.55~10.36 m,平均9.06 m;3^{-1}号煤层为3号煤层下分岔煤层,与3号煤层间距为0.80~6.15 m,平均厚3.75 m,面积约5.67 km^2,占全井田面积的72.9%,煤层厚度变化在1.38~1.80 m,平均厚1.55 m,煤层结构简单。

1.2.4.2 煤质

井田内3号主采煤层煤属中水分、特低灰、特低硫、特低磷、富油、中等软化温度灰、特高热值的长焰煤及少量不粘煤,可选性为易选,热稳定性好,化学反应性强,3^{-1}号煤层同3号煤层特征基本一致。本区煤的煤质优良,是良好的动力用煤和气化、液化等化工用煤。

1.2.4.3 矿山设计资源储量与开采储量

根据项目初设,麻黄梁矿井设计资源/储量为105.27 Mt,矿井设计可采储量为73.80 Mt。

1.2.4.4 矿山设计生产能力与服务年限

麻黄梁煤矿2013年核定生产规模为2.4 Mt/a,服务年限为17.66 a。

1.2.5 安全煤柱留设情况

(1)麻黄梁煤矿工业场地及井筒煤柱留设按《建筑物、水体、铁路及主要井巷煤柱留设与压煤开采规程》的规定从保护面积边界起以移动角圈定。松散层移动角$\phi=45°$,基岩δ、β、γ均按70°(近水平煤层)边界角计算。

(2)大巷煤柱:矿井主要大巷位于煤层中,大巷两侧各留80 m煤柱。

(3)井田境界煤柱:井田境界煤柱按40 m留设,本井田境界一侧留20 m煤柱。

(4)断层煤柱:井田内的断层煤柱按 15 m 留设。

(5)村庄煤柱:万家崖村留设煤柱,松散层移动角 $\phi=45°$,基岩 δ、β、γ 均按 70°(近水平煤层)边界角计算。北大村按照搬迁考虑。

(6)河流水系保护煤柱。麻黄梁位于佳芦河水系和头道河水系分水岭,区内支流处于常年断流。在矿区东南边界建有北大村沙河沟水库,水库下部为火烧区,麻黄梁煤矿未进行开采活动。

(7)火烧区保护煤柱。火烧区分布于井田东南边界处,麻黄梁煤矿设置了开采警戒线,火烧区煤层不予开采。

安全煤柱留设见图 1-8。

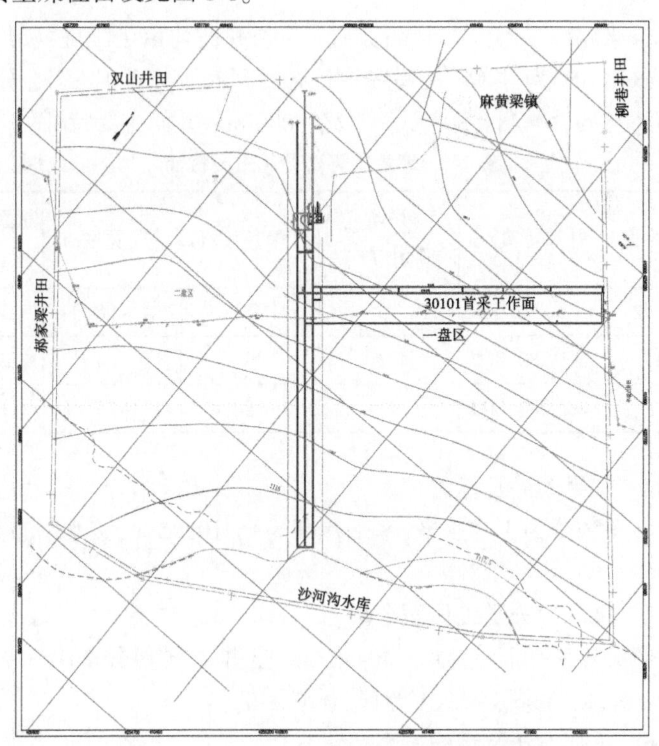

图 1-8　麻黄梁煤矿安全煤柱留设示意图

1.2.6 井田开拓与开采

1.2.6.1 开采技术条件

麻黄梁井田储量丰富,地质构造简单,未发现落差大于10 m的断层和明显的褶皱构造,属低瓦斯矿井,地温正常。不利于开采的条件主要是煤尘具有爆炸危险,属易自燃煤层。综上所述,麻黄梁煤矿开采技术条件优越,主要可采煤层赋存稳定,煤质优良,具备建设高产高效现代化大型矿井的资源条件。

1.2.6.2 井筒开拓

麻黄梁煤矿采用斜井开拓方式。3条井筒均位于工业场地中部,由西向东依次为主斜井、副斜井及回风立井,井口标高分别为+1 286.606 m、+1 283.800 m、+1 285.000 m。井筒主要特征见表1-4。

表1-4 麻黄梁煤矿井筒主要特征

井筒名称	井口标高/m	井筒倾角/(°)	井筒长度/m	井筒宽度/m	断面面积/m^2
主斜井	+1 286.606	16	723	4.6	15.7
副斜井	+1 283.800	22	497	5.4	20.9
回风立井	+1 285.000	90	180	4.5	15.9

1.2.6.3 水平划分及标高

全井田划分为1个水平,水平标高为+1 102.5 m,该水平布置在3号煤层中。

1.2.6.4 采区划分及工作面个数

麻黄梁煤矿生产能力2.40 Mt/a。全井田共划分301、302、303、304四个盘区,首采区为301盘区,见图1-9。

1.2.6.5 采煤方法及运输方案

目前,井田含剩余可采煤层1层,即3号煤层。3号煤层为厚煤层,厚度一般为7.55~10.36 m,平均厚9.06 m。3号煤层用综采放顶煤采煤法开采,割煤高度为3.0 m,工作面年推进长度为1 400 m,采用

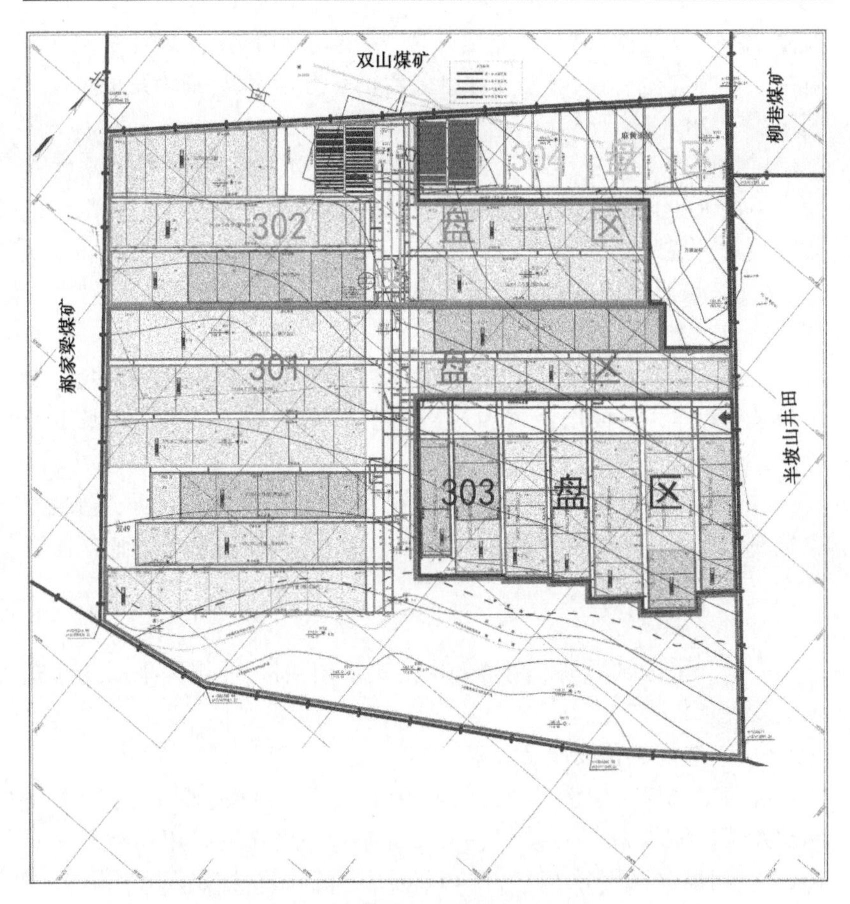

图 1-9　麻黄梁煤矿采掘平面示意图

全部垮落法管理顶板。

压煤区工作面内采用条带一次采全高膏体充填开采。对于麻黄梁煤矿 3 号煤层条件,工作面采用长壁法布置,窄条带式分次开采并充填。工作面内使用综掘机垂直于回采巷道掘进窄条带,窄条带掘通后进行二次收底开采,完成一个窄条带的开采。每个窄条带 8 m 宽,上半部分为掘进开采,下半部分为二次收底开采。一个窄条带采完以后,掘进机移动到间隔 24 m 的下一条带继续开采,采空条带及时利用移动式隔离支架封堵隔离两个端头,用膏体充填采空条带全部空间。充填体凝固 28 d 以后进行第二轮充填开采，采出其侧边 24 m 煤柱中间 8 m 宽窄条带并完全充填，剩余煤柱再分两轮采出并充填，每轮开采间隔时间不少于 28 d。

工作面内平行于切眼每 32 m 划分为一组，每组分 4 轮开采并充填。采用 EBZ160 型或 EBZ200 型综掘机落煤，铲车装煤，二运，刮板机或胶轮车运煤。

1.2.6.6 煤层顶板条件及顶板管理

1. 顶板条件

3 号煤层直接顶板以泥岩、粉砂质泥岩为主；次为泥质粉砂岩、细中粒长石砂岩；底板以泥岩、粉砂质泥岩、粉砂岩为主，少量泥质粉砂岩。

3^{-1} 号煤层直接顶板以泥岩为主；次为粉砂质泥岩、中粒长石砂岩，少量粉砂岩；底板以泥岩、粉砂岩为主，少量泥质粉砂岩、细粒长石砂岩。

2. 顶板管理

一般开采区域顶板采用全部垮落式管理顶板，压煤区采用全部充填法管理顶板。

1.2.6.7 选煤工艺及产品方案

麻黄梁选煤厂建设规模为 2.4 Mt/a，属于矿井型选煤厂，主要入洗麻黄梁煤矿 30~300 mm 块煤，-30 mm 末煤不洗选。采用动筛跳汰分选工艺，粗煤泥采用分级高频筛+煤泥离心机回收，细煤泥采用隔膜压滤机回收。

麻黄梁煤矿产品煤主要用户为附近电厂的燃料煤、民用燃料、附近工业园区化工项目用煤。

1.2.6.8 工作制度及劳动定员

矿井年工作日 330 d，每天四班三运转，每天净提升时间 16 h。

麻黄梁煤矿在矿人数为 600 人，其中在籍 470 人、外包施工队 130 人。在籍 470 人中选煤厂 30 人、行政后勤 100 人、下井工人 200 人、地面工人 140 人。

1.2.6.9　项目实施情况及主要经济指标

项目于 2011 年 12 月正式投入运营。项目主要经济技术指标见表 1-5。

表 1-5　麻黄梁煤矿主要经济技术指标

序号	指标名称	单位	指标
1	井田范围		
(1)	井田面积	km^2	17.68
2	煤层		
(1)	可采煤层数	层	2
(2)	主采煤层可采厚度	m	9.06
3	资源/储量		
(1)	设计储量	Mt	105.27
(2)	可采储量	Mt	73.80
4	矿井设计生产能力		
(1)	年生产能力	Mt/a	2.4
(2)	日生产能力	t/d	7 272.7
5	矿井剩余服务年限	a	17.66
6	设计工作制度		
(1)	年工作天数	d	330
(2)	日工作班数	班	4
7	井田开拓		
(1)	开拓方式		斜井
(2)	水平数目	个	1
(3)	水平标高	m	+1 102
(4)	大巷主运输方式		胶带运输机
(5)	大巷辅助运输方式		无极绳连续牵引车
8	采区		

续表 1-5

序号	指标名称	单位	指标
(1)	采区个数	个	4
(2)	采煤方法		3^{-1} 号薄煤层采用薄煤层综采采煤法,3 号煤采用综采放顶煤
(3)	主要采煤设备		
	采煤机	台	MG650/1515-WD 型 2 台
	刮板运输机	台	SGZ960/1050 型 2 台
9	矿井主要设备		
(1)	主斜井提升设备	台	JK-3.5 型单卷筒矿井提升机 1 台
	主斜井运输设备	台	主斜井带式输送机运量 Q=1 200 t/h,带宽 B=1 200 mm,带速 V=3.15 m/s,1 台
(2)	风井通风设备	台	2 台 FBCDNO29/160×2 型防爆对旋轴流式通风机
10	选煤厂类型		矿井型
11	选煤厂处理能力		
(1)	年处理能力	Mt/a	2.4
(2)	日处理能力	t/d	7 272.7
12	选煤厂设计工作制度		
(1)	年工作天数	d	330
(2)	日工作小时数	h	16
13	选煤方法		
	30~300 mm		动筛跳汰分选
14	人员配置		
	在籍员工总人数	人	470

1.3　麻黄梁煤矿与产业政策、有关规划的相符性分析

麻黄梁煤矿是榆神矿区一期规划矿井之一，2010 年 3 月《国家发展改革委关于陕西榆神矿区麻黄梁煤矿及选煤厂项目核准的批复》（发改能源〔2010〕462 号）核准麻黄梁煤矿建设规模为 1.20 Mt/a，配套建设相同规模的选煤厂。项目于 2011 年 12 月正式投入运营，后因技术革新设备更换，2013 年陕西省煤炭生产安全监督管理局以《榆林市榆阳区麻黄梁煤矿生产能力核定结果的通知》（陕煤局发〔2013〕68 号）重新核定麻黄梁煤矿的生产能力为 2.40 Mt/a，服务年限为 17.66 a。

2008 年 9 月陕西省环境保护局以陕环批复〔2008〕512 号批复了 1.20 Mt/a 麻黄梁煤矿及选煤厂环评报告书。2011 年 11 月陕西省环境保护厅以陕环批复〔2011〕687 号文同意项目通过竣工环境保护验收。由于项目技改，开展了环境影响后评价工作。2014 年 7 月陕西省环境保护厅以陕环函〔2014〕655 号文对项目环境影响后评价报告书出具审查意见。

麻黄梁煤矿井田煤层赋存稳定，资源较丰富，开采技术条件好，项目的建设充分发挥了榆神矿区煤炭资源优势，给企业和当地带来较好的经济效益。

1.3.1　与相关政策的相符性分析

麻黄梁煤矿设计能力 2.4 Mt/a，项目采用国内、国外成熟的先进工艺及设备，全面提高生产机械化程度，充分体现高产、高效的设计理念，符合国家《煤炭工业"十三五"发展规划》《产业结构调整指导目录（2016 年修订）》《煤炭产业政策》、《能源发展"十三五"规划》等相关产业政策的要求。麻黄梁煤矿建设与国家相关政策相符性见表 1-6。

表 1-6 麻黄梁煤矿建设与国家相关政策相符性

相关政策名称	政策要求	相符性
《中华人民共和国煤炭法》	国家鼓励企业发展煤炭洗选加工,综合开发利用煤层气、煤矸石、煤泥、石煤和泥炭	符合
《煤炭产业政策》(2013 年修订)	1. 控制东部地区煤炭开发强度,稳定中部地区煤炭生产规模,加强西部地区煤炭资源勘查开发。 2. 新建大中型煤矿应当配套建设相应规模的选煤厂。 3. 山西、内蒙古、陕西等省(区)新建、改扩建矿井规模原则上不低于 120 万 t/a。……其他地区新建、改扩建矿井规模不低于 30 万 t/a	
国家发展改革委《产业结构调整指导目录(2019 年本)》	鼓励类:矿井水资源保护与利用、煤炭清洁高效洗选技术开发与应用	
《国家能源局 环境保护部 工业和信息化部关于促进煤炭安全绿色开发和清洁高效利用的意见》(国能煤炭〔2014〕571 号)	1. 到 2020 年,煤炭工业生产力水平大幅提升,资源适度合理开发,全国煤矿采煤机械化程度达到 85%以上,掘进机械化程度达到 62%以上。 2. 大力发展煤炭洗选加工,所有大中型煤矿均应配套建设选煤厂或中心选煤厂	
《国家能源局关于促进煤炭工业科学发展的指导意见》(国能煤炭〔2015〕37 号)	1. 新建煤矿以大型现代化煤矿为主,优先建设露天煤矿、特大型矿井。严格新建煤矿准入,严禁核准新建 30 万 t/a 以下煤矿、90 万 t/a 以下煤与瓦斯突出矿井。 2. 加快建设煤大中型炭洗选设施,煤矿应配套建设选煤厂……,提高原煤入洗率和商品煤质量。 3. 完善煤炭落后产能标准,加大淘汰落后产能力度,继续淘汰 9 万 t/a 及以下煤矿,支持具备条件的地区淘汰 30 万 t/a 以下煤矿,加快关闭煤与瓦斯突出等灾害隐患严重的煤矿	

续表 1-6

相关政策名称	政策要求	相符性
《国家发改委关于严格治理违法违规建设煤矿项目有关问题的通知》(发改能源〔2015〕2002号)	列入国家煤炭工业发展规划、已同意开展项目前期工作的煤矿,在纠正违法违规行为并承担淘汰落后产能等产能压减责任的前提下,允许补办项目核准手续。产能压减形式包括关闭淘汰落后煤矿、关停亏损严重煤矿(或核减产能)、关闭资源枯竭煤矿(或核减产能)等。产能压减规模原则上不低于违法违规煤矿新增年生产能力的30%	符合

1.3.2　与相关规划的相符性分析

1.3.2.1　水资源配置的合理性

按照《水利部关于非常规水源纳入水资源统一配置的指导意见》(水资源〔2017〕274号),大力鼓励工业用水优先使用非常规水源。缺水地区、地下水超采区和京津冀地区,具备使用再生水条件的高耗水行业应优先配置再生水,大力推动城市杂用水优先使用非常规水源。缺水地区、地下水超采区和京津冀地区,城市绿化、冲厕、道路清扫、车辆冲洗、建筑施工、消防等用水应优先配置再生水和集蓄雨水。规划或建设项目水资源论证中,应首先分析非常规水源利用的可行性,并结合技术经济合理性分析,确定非常规水源利用方向和方式,提出非常规水源配置方案或利用方案。缺水地区、地下水超采区和京津冀地区,未充分使用非常规水源的,不得批准新增取水许可。麻黄梁煤矿生产生活用水均使用自身矿井水,水资源配置是合理的。

1.3.2.2　与相关规划的相符性分析

麻黄梁煤矿是榆神矿区一期规划区总体规划的规划矿井,其建设情况与矿区总体规划及规划环评的符合性分析见表1-7,与国家相关规划相符性分析见表1-8。

综上所述,麻黄梁煤矿的建设符合国家产业、节能及能源政策要求,将地区资源优势转化为经济优势,积极有序推进资源的开发利用,满足国民经济发展的需要,不仅有较好的经济效益,而且可产生良好的社会效益。

表 1-7 麻黄梁煤矿建设与榆神矿区总体规划及规划环评的符合性分析

名称	相关涉水要求	麻黄梁煤矿建设情况	符合性
《国家计委关于榆神矿区一期规划区总体规划的批复》(计基础〔2000〕1841号)	鉴于该地区水资源短缺,矿区开发必须注意采取节水措施,同时要考虑充分利用矿井排水和水资源的循环利用问题	本项目生产生活用水均采用矿井水,生活污水全部回用不外排,矿井水充分利用后达标外排至场外高位水池及沙河沟水库,全部用于周边农田灌溉及塌陷区治理。项目区域不涉及水源地;本项目采用条带式开采及矸石充填开采,煤矸石综合利用的同时,保护采空区稳定以及保护地下水资源;根据地层部门观测及本次预测,项目导水裂隙带未发育至第四系含水层,对地表水影响较小	符合
《国家环保总局关于陕西榆神矿区一期规划区总体规划环境影响报告书的审查意见》(环审〔2007〕173号)	1. 切实保护地下水资源。矿区项目建设要深入调查水文地质情况,合理确定开拓方案,工作面设计不得使采煤导水裂隙沟通第四系潜水含水层,最大限度地保护第四系地下水资源;……在矿区东部、南部边界附近采煤时必须预留隔水煤柱,切实保护好火烧区的水资源。 2. 严格落实水源地和重要水体的环境保护措施…… 3. 制定切实可行的煤矸石、粉煤灰和矿井水综合利用方案,合理建设有关综合利用项目,尽可能延伸产业链,提高资源利用效率,煤矸石和矿井水均应力争全部利用		
《国家环保部关于榆神矿区一期规划区总体规划环境影响报告书(修编)有关问题复函》(环办函〔2012〕691号)	加强水资源保护。最大限度地保护第四系地下水资源,严格落实水源地的环境保护对策措施,水源地一级保护区、二级保护区下禁止采煤,水源补给区下采煤实行分层开采、限高开采,矿井水全部资源化利用		

表1-8　麻黄梁煤矿与相关规划相符性分析一览

相关规划	要求	符合性
《煤炭工业"十三五"发展规划》(2016年)	1. 新建煤矿建设规模不小于120万t/a。 2. 创新煤矿设计理念,采用高新技术和先进适用技术装备,重点建设露天煤矿、特大型和大型井工煤矿。 3. 大中型煤矿应配套建设选煤厂或中心选煤厂,加快现有煤矿选煤设施升级改造,提高原煤入选比重。 4. 煤矿采煤机械化程度达到85%,掘进机械化程度达到65%	符合
《能源发展"十三五"规划》(发改能源〔2016〕2744号)	1. 严格控制审批新建煤矿项目、新增产能技术改造项目和生产能力核增项目,确需新建煤矿的,实行减量置换。 2. 鼓励煤矸石、矿井水、煤矿瓦斯等煤炭资源综合利用,提升煤炭资源附加值和综合利用效率	
《国务院关于煤炭行业化解过剩产能实现脱困发展的意见》(国发〔2016〕7号)	从2016年起,3年内原则上停止审批新建煤矿项目、新增产能的技术改造项目和产能核增项目;确需新建煤矿的,一律实行减量置换	
《关于实施减量置换严控煤炭新增产能有关事项的通知》(发改能源〔2016〕1602号)	对于国发〔2016〕7号文件印发前未核准、又确需继续建设的违规煤矿项目,严格执行减量置换政策,项目单位须关闭退出相应规模的煤矿进行产能减量置换后,方可补办项目核准手续	
《榆林市榆阳区煤矿疏干水综合利用项目输配水系统工程总体方案》	麻黄梁1号线输配水系统起点为柳巷煤矿,沿途吸纳半坡山(待建)、麻黄梁、双山、郝家梁4座煤矿的疏干水,终点至麻黄梁工业集中区。采取煤矿自行配套净化厂处理达标后的疏干水进入输配水收集管网,主要解决麻黄梁工业集中区企业生产及园区生态绿化用水,沿线兼顾双山沙河流域及矿区周边农业生态用水,富余水进入汽车产业园并入2号线。用水淡季时泰发祥矿业麻黄梁煤矿可利用现有退水管网,将处理后达到《地表水环境质量标准》(GB 3838—2002)的Ⅲ类标准后的疏干水排入沙河沟景观调蓄水坝后退至佳芦河	

1.4 麻黄梁煤矿实际开采情况

截至 2020 年底，煤矿内 30101 ~ 30108、30201 ~ 30204、30301 ~ 30305 工作面已经回采完毕，目前正在回采 30201、30401 充填工作面。麻黄梁煤矿近年开采量统计见表 1-9。

表 1-9　麻黄梁煤矿近年开采量统计

项目	2018 年	2019 年	2020 年
产量/万 t	231	239.44	239.76

煤矿未来 5 年开采范围内工作面巷道基本已经完成，开采区域如图 1-10 所示。

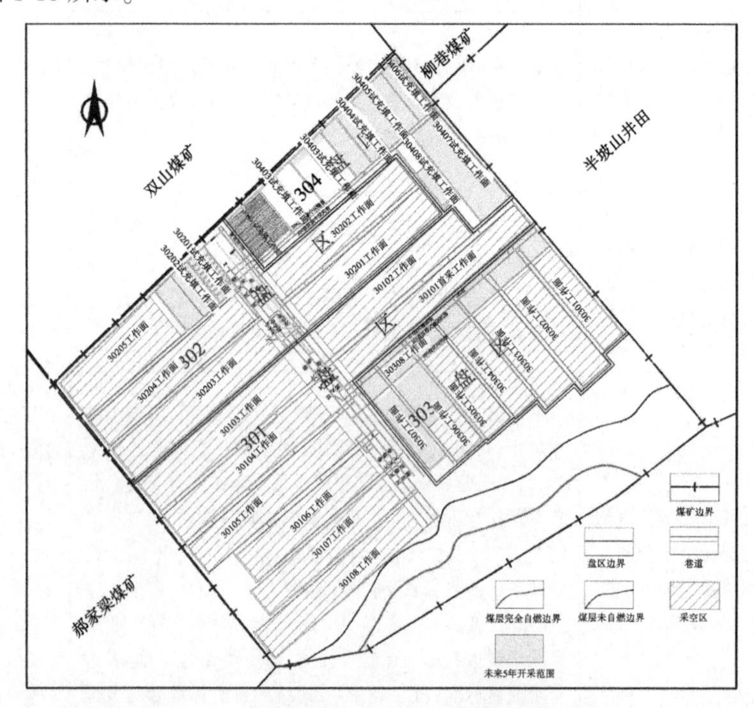

图 1-10　麻黄梁煤矿未来 5 年采掘范围示意图

1.5　麻黄梁煤矿取水水源及供用水量

1.5.1　取水水源

麻黄梁煤矿生活及地面生产用水取自生活消防水池，由井下采空区清水供给；井下水仓提升到地面的矿井水一路作为充填站补充水，一路进入矿井水处理站处理达标后外排至场外的高位水池及沙河沟水库，用于周边农田灌溉及塌陷区治理。

1.5.2　供用水量

1.5.2.1　现状水平衡测试情况

经对麻黄梁煤矿整体水平衡进行分析，现状麻黄梁煤矿地测部门观测的矿井水量为3 200 m^3/d(2021年上半年麻黄梁煤矿正产生产工况平均矿井水水量)，各系统采暖季用新水量为1 886 m^3/d，非采暖季用新水量为2 088 m^3/d，均为矿井水，总量约为72.33万m^3/a。

1.5.2.2　合理性分析后供用水量

论证分析后，麻黄梁煤矿用水量为84.36万m^3/a，全部为矿井水；按生产生活类别进行划分，生活用新水量为6.17万m^3/a，生产用水量为78.19万m^3/a。

1.6　麻黄梁煤矿退水及污水处理概况

1.6.1　相关规划及项目环评对退水的要求

根据《陕西省环境保护厅关于榆林泰发祥矿业有限公司麻黄梁矿井及选煤厂环境影响后评价报告书审查意见的函》(陕环函〔2014〕655号)第三条“(二)矿井水处理站处理能力为7 200 m^3/d，采用“平流沉淀—辐流沉淀—气浮—砂滤”工艺，处理后的矿井水满足《煤炭工业污染物排放标准》(GB 20426—2006)一级标准后，回用于井下消防洒水、选煤系统补充用水和选煤系统喷雾降尘洒水、道路洒水、矿区降尘洒水、黄泥灌浆、工业场地绿化用水等,剩余输送至北大村沙河沟水库作为麻黄梁工业区中水水源。"

2019年榆林市水利局对《榆林市榆阳区煤矿疏干水综合利用项目输配水系统工程总体方案》进行了批复(榆政水函〔2019〕173号)。根据《榆林市榆阳区煤矿疏干水综合利用项目输配水系统工程总体方案》:麻黄梁1号线输配水系统起点为柳巷煤矿,沿途吸纳半坡山(待建)、麻黄梁、双山、郝家梁4座煤矿的疏干水,终点至麻黄梁工业集中区。采取煤矿自行配套净化厂处理达标后的疏干水进入输配水收集管网,主要解决麻黄梁工业集中区企业生产及园区生态绿化用水,沿线兼顾双山沙河流域及矿区周边农业生态用水,富余水进入汽车产业园并入2号线。用水淡季时泰发祥矿业麻黄梁煤矿可利用现有退水管网,将处理后达到《地表水环境质量标准》(GB 3838—2002)的Ⅲ类标准后的疏干水排入沙河沟景观调蓄水坝后退至佳芦河。

1.6.2 现状退水情况

根据现场调研,目前麻黄梁煤矿生活污水处理后全部用于洗煤厂补充水;矿井水部分回用于自身生产生活,由于麻黄梁工业集中区尚无实质用水户,麻黄梁剩余部分矿井水达标外排至场外高位水池及沙河沟水库,冬储夏用,全部用于周边农田灌溉及塌陷区治理,见图1-11。

根据现状水平衡测试分析结果,现状麻黄梁煤矿外排高位水池水量采暖季为1 244 m^3/d,非采暖季为1 047 m^3/d,外排水为矿井水,生活污水全部回用不外排,见图1-12。

1.6.3 污水处理概况

1.6.3.1 生活污水处理站

麻黄梁煤矿生活污水处理站(见图1-13)设计处理能力400 m^3/d。处理工艺采用"物理化学+生物接触氧化法+MBR+消毒"的处理方法,工艺流程见图1-14。外排废水因子执行《污水综合排放标准》(GB 8978—1996)一级标准。

(a)沙河沟水库　(b)高位水池

(c)塌陷区治理管线(自高位水池)　(d)农灌管线(自高位水池)

(e)农灌渠道(自水库)　(f)下游农田

(g)基本农田　(h)灌溉取水口

图 1-11　麻黄梁煤矿外供及回用实景

（①为外供管线，②~⑤表示回用管线）

图 1-12　麻黄梁煤矿外供水管线及外供对象示意图

1.6.3.2　矿井水处理站

麻黄梁煤矿矿井水处理站（见图 1-15）设计处理能力为 7 200 m^3/d，工艺采用"化学絮凝+高密度迷宫斜管净水器+砂滤+消毒"技术进行处理，矿井水处理站处理后的水主要用于充填站用水，多余部分由外排入场外高位水池。外排废水因子目前执行《煤炭工业污染物排放标准》（GB 20426—2006）及《农田灌溉水质标准》（GB 5084—2021）排放标准。矿井水处理工艺流程见图 1-16。矿井水处理站出口坐标为东经 109°57′40″,北纬 38°26′51″。

(a)　(b)　(c)　(d)

图 1-13　麻黄梁煤矿生活污水处理站实景

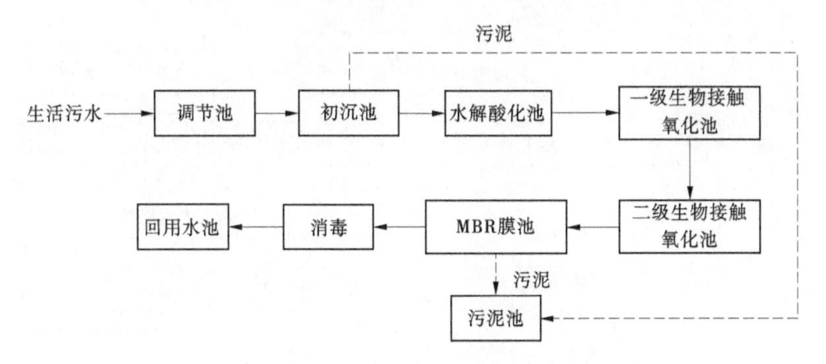

图 1-14　生活污水处理工艺流程

(a) (b) (c) (d)

图 1-15 麻黄梁煤矿矿井水处理站实景

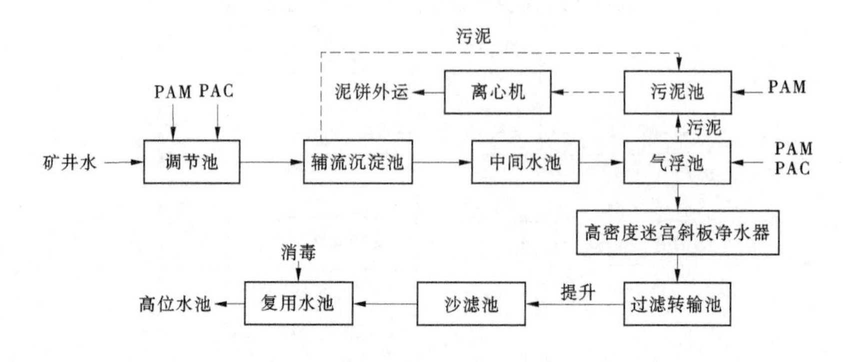

图 1-16 矿井水处理工艺流程

1.6.3.3　煤泥水处理设施

选煤厂分选系统排出的煤泥水进入浓缩机的入料池,浓缩机溢流进入循环水池,并由循环水泵加压进入生产洗水系统,浓缩机底流进入加压过滤机。煤泥水闭路循环,不外排。

第2章　区域水资源及其开发利用状况分析

区域水资源分析范围原则上应覆盖取水水源论证范围、取水影响范围和退水影响范围。麻黄梁矿井范围及取水水源、退水区域均位于榆林市境内，故确定本项目水资源分析范围为榆林市。

根据收集资料情况，选取2020年为现状水平年，因本项目为已建项目，不再选择规划水平年。

本章主要依据《陕西省水功能区划》、《陕西省水资源手册》、《陕西省第三次水资源调查评价报告》、《陕西省水资源公报》(2016~2020年)、《黄河流域水资源公报》、《榆林市水资源综合规划》、《榆林市水资源综合利用研究》、《榆林市国民经济与社会发展统计公报》(2016~2020年)及相关气象、水质等资料，对榆林市水资源及开发利用现状进行分析。

2.1　分析范围内基本情况

2.1.1　地理位置

榆林市位于陕西省最北部，地处东经107°2′~111°15′、北纬36°57′~39°34′，东临黄河，与山西省相望，西连宁夏回族自治区、甘肃省，北邻内蒙古自治区，南接陕西省延安市。地域东西长385 km、南北宽263 km，土地面积43 578 km^2，约占全省的21%。

榆阳区位于榆林市中部，地处东经108°58′~110°24′、北纬37°49′~38°58′，与内蒙古自治区的乌审旗接壤，以及榆林市辖区内横山区、佳县、米脂县、神木市毗邻，东西宽128 km、南北长124 km，总面积7 053 km^2，全区辖19个乡镇、12个街道办事处。

2.1.2　地形地貌

榆林市总的地势由西北向东南倾斜,西南部为无定河和泾河、洛河的河源区,平均海拔 1 600~1 800 m,其他各地平均海拔 1 000~1 200 m。最高点是定边南部的魏梁,海拔 1 907 m;最低点是清涧无定河入黄河口,海拔 560 m。以长城为界,北部为风沙草滩区,属于毛乌素沙漠边缘,包括府谷、神木、榆阳、横山、靖边、定边 6 县(区)的部分地区和佳县的少部分地区,面积 1.83 万 km^2,占总面积的 42%,多为第四系松散的粉沙、亚黏土、沙质黄土,基岩仅在局部河谷地段出露,以风积波状固定、半固定沙丘地貌为主,湖泊、滩地、梁峁分布其间,在沙海之中常见有碟形洼地、海子和大小不等的沙漠绿洲,绿洲是本区的主要农牧基地;南部为黄土丘陵沟壑区,属于陕北黄土高原北缘,包括榆阳、靖边、横山、定边 4 县(区)的南部,神木、府谷的东部,佳县的大部分以及米脂、子洲、绥德、清涧、吴堡 5 县的全部地区,面积 2.53 km^2,占总面积的 58%,区内黄土层深厚,地形破碎,沟网密布,水土流失极为严重,在较大河流沿岸形成有较为开阔的河流阶地及人工造田,是本区的重要农业区。榆林市地貌分区见图 2-1。

榆阳区处于毛乌素沙漠东南缘与陕北黄土高原的交接地带,总的地势东北高、中南部低,大致以长城为界,形成两大类型地貌布局:长城以北为风沙草滩区,区内地势较平坦,沙丘、草滩、海子(小湖泊)交错分布;长城以南为丘陵沟壑区,区内梁峁起伏,沟壑纵横,其中较大的梁有 10 多处,较大的常流水沟有 34 条,较大沟壑有 2 000 多条,中南部河川区红石峡以南的榆溪河、无定河沿岸至镇川八塌湾的下场地带,地势较平坦,水利骨干工程设施配套到位。

2.1.3　河流水系

榆林市水系分内流、外流两种。内流水系面积约 0.40 万 km^2,主要分布在定边、榆林、神木等县北部的风沙滩地区,一般河少湖多,河流短小,为季节性河流。流向自南向北,或注入湖泊,或消失于沙漠之中。湖泊水质不良,矿化度由东向西增加,多为咸苦水,较大的有定边八里

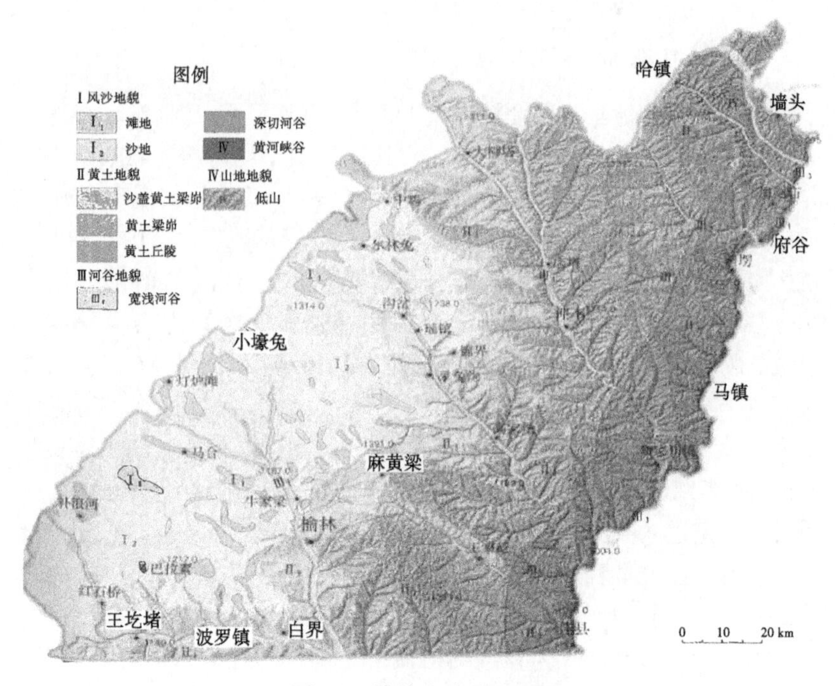

图 2-1　榆林市地貌分区图

河和神木红碱淖。外流河为黄河水系，其中流域面积 100 km² 以上河流有 109 条，境内较大的入黄一级支流主要为“四川四河”，即皇甫川、清水川、孤山川、石马川、窟野河、秃尾河、佳芦河、无定河，总流域面积 32 564 km²，占榆林市土地面积的 74.7%。

本项目所在的榆阳区境内主要河流有秃尾河、佳芦河和无定河。

秃尾河发源于神木县尔林兔乡官泊海子，经榆阳区大河塔镇和安崖办事处。在大河塔镇任庄则流经本境，至大河塔镇安崖办事处卢家铺村东出境。河流总长 133.9 km，流域面积 3 294 km²，河床比降 4.53‰，流量稳定，常流量 7.0 m³/s，是榆阳区与神木县的界河。较大支流有红柳河、扎林川、杨家畔河、开光川。

佳芦河是位于无定河与秃尾河之间的一条河流，发源于榆林市榆阳区双山堡，南流 30 km 入佳县境内，在佳县附近汇入黄河，干流全长 92.5 km，流域面积 1 134 km²。境内流域面积 310 km²，较大支流有康家湾河、沙河川等。

无定河发源于靖边县白于山，流经内蒙古自治区乌审旗境内后，在榆阳区红石桥乡和横山区经过，以 2‰的比降南流，在镇川镇永康村红柳滩南出境入米脂县。经榆阳区红石桥、鱼河、鱼河峁、上盐湾、镇川 5 个乡(镇)，境内流程总长 442.8 km，流域面积 20 302 km^2。常年平均流量 18.7 m^3/s(赵石窑水文站资料)，年平均径流量 56.13 亿 m^3，年均输沙量 4.07 万 t，年侵蚀模数 0.266 万 t/km^2。支流多以羽状或树枝状汇入，境内较大支流有榆溪河、海流兔河、硬地梁河、峁沟河、小川沟河、金鸡河等。

榆林市河流水系见图 2-2，主要河流特征见表 2-1。

2.1.4　水文地质

2.1.4.1　主要含水层

1. 第四系孔隙潜水

全新统河谷冲积层潜水：主要分布于无定河、榆溪河、秃尾河、窟野河等较大河流的河漫滩及一级阶地。含水层以中细砂夹亚黏土为主，底部有砂砾石。厚度变化大(几米至几十米)。潜水埋深一般小于 5 m。含水层渗透系数 2.5~7.3 m/d，单井统降涌水量 40~300 m^3/d，属弱富水至中等富水性区。

上更新统萨拉乌苏组冲湖积层潜水：遍布风沙滩区，是区内最主要的含水层。岩性以粉砂、中细砂夹亚砂土为主。潜水埋深一般 1~3 m。在榆林的巴拉素、补浪河、掌高兔等地，神木的巴下采当、中沟一带，尔林兔、河湾大部分地区，田家海则及青草界滩地等地。含水层厚度 40~60 m，最大超过 80 m。单井统降涌水量 1 000~3 000 m^3/d，属强富水性区；其余地区含水层厚度变薄，单井统降涌水量 100~1 000 m^3/d，属中等富水至较强富水性区。

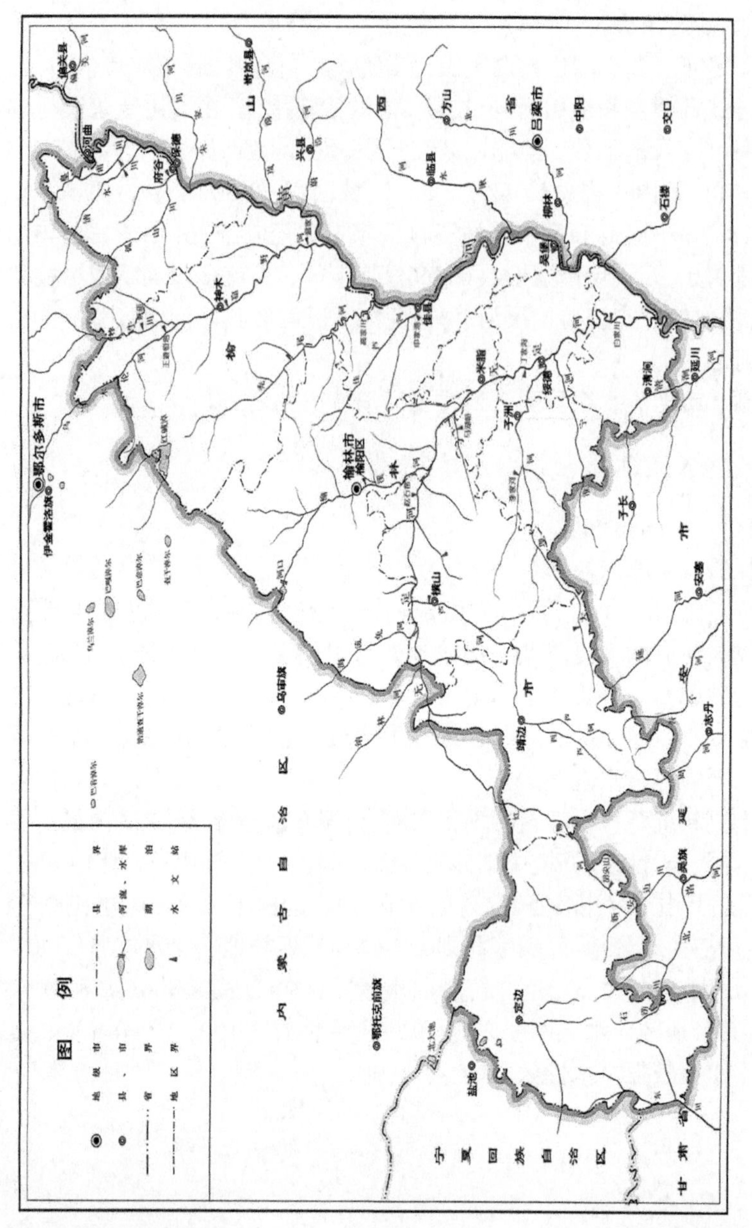
图例
地级市
县、市
省界
地区界
县界
河流、水库
湖泊
水文站
内蒙古自治区
宁夏回族自治区
甘肃省
山西省
榆林市
榆林市榆阳区
鄂尔多斯市
伊金霍洛旗
乌审旗
鄂托克前旗
盐池
定边
靖边
横山
神木
府谷
佳县
米脂
绥德
子洲
子长
清涧
吴堡
延川
安塞
志丹
吴旗
吕梁市
临县
兴县
柳林
石楼
中阳
方山
保德
河曲
偏关县

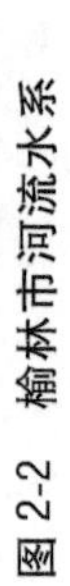
图 2-2　榆林市河流水系

表2-1　榆林市主要河流特征

河流名称		全河			市域内			所涉县(市、区)
		河长/km	流域面积/km²	径流量/亿 m³	河长/km	流域面积/km²	径流量/亿 m³	
外流水系	黄甫川	137	3 246	1.69	49	415	0.22	府谷
	清水川	78.2	881	0.51	46.8	560	0.33	府谷
	孤山川	79.4	1 276	0.94	57.0	1 010	0.76	府谷
	石马川	42.9	244	0.18	42.9	244	0.18	府谷
	窟野河	241.5	8 706	6.67	159	4 048	3.59	府谷、神木
	秃尾河	133.9	3 294	3.81	133.9	3 294	3.81	神木、榆阳
	佳芦河	92.5	1 134	0.74	23.1	310	0.74	佳县、榆阳
	无定河	491.2	30 261	9.74	442.8	20 302	6.13	榆阳、横山、靖边、定边、米脂、子洲、绥德、清涧、神木、佳县
内流水系	八里河	51.0	1 374	1 374	51.0			
	红碱淖							

中下更新统黄土裂隙孔隙潜水：主要分布于黄土斜坡和梁峁地区。含水层以裂隙、孔隙黄土夹粉细砂为主。潜水埋深在平原区一般为2~5 m，局部大于10 m；在梁峁区为20~40 m，最深达60 m以上。含水层厚度变化大，单井统降涌水量20~400 m³/d，属弱富水至中等富水性区。梁峁区由于沟谷深切，地形破碎，地下水赋存条件极差，无利用价值。仅在一些宽梁地区黄土连续，有利于大气降水的补给，地下水赋存条件相对较好，可供人畜饮用。

2. 基岩潜水

下白垩系洛河组砂岩潜水：主要分布于尔林兔、杨桥畔一线以西，靖边城以东的广大地区，埋藏深度几米至几十米。砂岩疏松，孔隙率高，裂隙也较发育，含水层补给条件好，是区内主要基岩含水层。含水层厚度几米至200 m以上,单井统降涌水量100~1 000 m^3/d,属中等富水至较强富水性区。

侏罗系、三迭系风化破碎带裂隙潜水:主要分布于尔林兔、小记汗、沙峁一线以东的广大地区,与上部第四系潜水相联系,潜水埋深3~5 m以上。由于各地风化、破碎程度发育不均,含水层富水性变化很大。一般单井涌水量小于200 m^3/d,许多地区还不足50 m^3/d,属弱富水至中等富水性区。

3. 基岩承压水

下白垩系洛河组砂岩孔隙承压水:分布于靖边县杨桥畔以西广大地区,埋藏深度自东向西逐渐变深,在定边一带埋深达600~800 m。具有区域承压性质,承压水头在平原区一般距地表9~16 m,定边平原局部地段可以自流,在黄土斜坡地段埋深大于60 m。单井统降涌水量为1 000~2 000 m^3/d。含水量属强富水至中等富水性区。

下白垩系环河、华池组砂、泥岩孔隙裂隙承压水:广泛分布于靖边城以西的靖边平原地区。由于第四系底部黏土层的隔水作用,故地下水具有局部承压性质。在黄土斜坡地段地下水埋深大于50 m,其余地区一般为10~20 m,富水性中等。

侏罗系、三叠系孔隙裂隙承压水:主要分布于榆林市以东梁峁区。在60 m深度内具有局部承压性质。另外,由于岩层为泥岩及砂泥岩互层,所以在60 m以下有多层承压水,承压水水头20~70 m,富水性较差。

4. 岩溶水

奥陶系灰岩承压自流水,主要分布于府谷水泥厂至天桥电站一带,分布面积不足10 km^2,地下水主要赋存于奥陶系马家沟组灰岩及白云质灰岩的溶隙裂隙之中。含水层顶板埋深50~80 m,承压水头标高836 m,高出地表1~20 m。单井自流量一般2万~4万 m^3/d,最大达5.8万 m^3/d,为极富水区。

2.1.4.2 地下水的补给、径流、排泄条件

1. 潜水

潜水的补给:大气降水是潜水的主要补给来源,约占总补给量的

90%。在夏季的3个多月里,沙丘区少有沙漠凝结水补给。在东北部和西北部边缘地区,由于地势低洼,还长期接受与此接壤的内蒙古境内地下水侧向补给。在定边八里河下游地区有洪水入渗补给,此外还有少量的农田灌溉回归水补给。

潜水的径流:潜水的径流主要受地貌条件控制,总趋势由西北向东南排入窟野河、秃尾河、无定河及其支流中。

潜水的排泄:风沙滩区地下水埋藏较浅,潜水垂直蒸发成为主要的排泄方式。其次是河流排泄及人工开采。在黄土梁峁区,多以泉或渗流形式排泄。

2. 承压水

洛河组承压水主要接受上部潜水补给,主要补给区在靖边城以东地区。在靖边城以西,由于埋藏深度大,补给距离远,径流滞缓,故水量变小,水质变差。

2.1.5 气象气候

榆林市地处毛乌素沙漠边缘与黄土高原过渡地带,属于温带干旱半干旱大陆性季风气候,总的特点是:光照充足,温差大,气候干燥,雨热同季,四季明显。气温南暖北凉,东高西低,年平均气温7.9~11.3℃。无霜期平均134~169 d,年日照时数2 594~2 914 h,为全省最高,区内冻土期从11月至翌年3月,平均冻土深度120~150 cm。全区平均年降水量约393.9 mm,是陕西省降水量最少的地区。区内平均年蒸发量1 120~1 500 mm(E-601),其分布规律与降水相反。

2.1.6 社会经济状况

2020年榆林市总人口362.48万人。全年生产总值4 089.66亿元,比上年增长4.5%。其中,第一产业增加值272.48亿元,第二产业增加值2 555.64亿元,第三产业增加值1 261.55亿元。榆林市2020年粮食播种面积1 079.00万亩(1亩=1/15 hm^2,全书同),粮食产量253.80万t。

2020年榆阳区总人口61.59万人,其中城镇人口26.54万人,农村人口 35.05 万人。国民经济生产总值 1 001.02 亿元。其中,第一产业增加值 45.80 亿元,第二产业增加值 578.46 亿元,第三产业增加值 376.76 亿元。榆阳区 2020 年粮食播种面积 115.49 万亩,粮食产量 4.44 万 t。

2020 年榆林市及榆阳区主要社会经济指标见表 2-2。

表 2-2 2020 年榆林市及榆阳区主要社会经济指标

区域	人口/万人			国内生产总值/亿元				播种面积/万亩	粮食产量/万 t
	城镇	农村	合计	第一产业	第二产业	第三产业	合计		
榆林市	—	—	362.48	272.48	2 555.64	1 261.55	4 089.66	1 079.00	253.80
榆阳区	26.54	35.05	61.59	45.80	578.46	376.76	1 001.02	115.49	4.44

2.2 水资源状况

2.2.1 榆林市水资源状况

2.2.1.1 榆林市地表水资源量

本节主要依据《陕西省第三次水资源调查评价报告》成果。

1.自产水资源量

榆林市境内河流主要有黄河(界河)、窟野河、秃尾河及无定河支流榆溪河、海流兔河、清水川、孤山川、皇甫川等。采用 1956~2016 年水文资料系列,榆林市自产天然径流量为 17.60 亿 m^3,折合径流深 41.0 mm。区内无定河、窟野河、秃尾河的自产天然径流量较大。

2.出、入境水资源量

皇甫川、清水川、孤山川、窟野河、榆溪河及无定河源自内蒙古境内,其多年平均入境径流量 6.26 亿 m^3。黄河干流河口至龙门 1956~2016 年平均出境水量为 30.55 亿 m^3,其中入内蒙古境内 0.58 亿 m^3,入山西境内 29.97 亿 m^3。

2.2.1.2 榆林市地下水资源量

榆林市浅层地下水的补给主要靠大气降水的垂直入渗补给。根据多年均衡条件下补给与排泄均衡的原理,降雨入渗补给量近似为河道排泄量(河川基流量)与潜水蒸发量及开采净消耗量之和。榆林全市地下水资源量为 21.20 亿 m^3,其中平原区地下水总资源量为 17.0 亿 m^3,山丘地下水资源量为 5.27 亿 m^3,二者重复计算量为 1.07 亿 m^3。地下水资源可开采量 5.91 亿 m^3。

2.2.1.3　水资源总量

水资源总量为当地降水形成的河川径流量与地下水总补给量之和,再扣除两者之间相互转化的重复计算量。榆林市多年平均自产水资源总量为 27.43 亿 m^3,其中地表水资源量 17.60 亿 m^3,地下水资源量 21.20 亿 m^3,两者重复计算量 11.37 亿 m^3,见表 2-3。

表 2-3　榆林市水资源量统计　　单位:亿 m^3

区域名称	地表水资源量	地下水资源量	重复计算量	水资源总量
榆林市	17.60	21.20	11.37	27.43

2.2.2　水资源质量

2.2.2.1　地表水资源质量

1. 水功能区划

1) 黄河流域水功能区划

根据《中国水功能区划》,黄河干流榆林市河段涉及的一级水功能区为黄河晋陕开发利用区,涉及的二级水功能区有 6 个,具体见表 2-4。

2) 陕西省水功能区划

(1) 一级水功能区划。

根据《陕西省水功能区划》及《榆林市水资源规划》,榆林市水功能一级区划包括黄河、窟野河、无定河和泾河四大水系,共划分为一级水功能区 34 个,河长 2 065.9 km,详见表 2-5。其中榆阳区一级水功能区 4 个,河长 204.3 km。

表 2-4 黄河干流榆林段水功能区划

水功能区级别	水功能区名称	水系	河流	范围		长度/km	水质目标	省级行政区
				起始断面	终止断面			
一级	黄河晋陕开发利用区	河口镇至龙门	黄河	万家寨大坝	龙门水文站	621.4	按二级区划执行	晋陕
二级	黄河天桥农业用水区	河口镇至龙门	黄河	万家寨大坝	天桥大坝	96.6	Ⅲ	晋陕
	黄河府谷、保德排污控制区	河口镇至龙门	黄河	天桥大坝	孤山川入口	9.7		晋陕
	黄河府谷、保德过渡区	河口镇至龙门	黄河	孤山川入口	石马川入口	19.9	Ⅲ	晋陕
	黄河碛口农业用水区	河口镇至龙门	黄河	石马川入口	回水湾	202.5	Ⅲ	晋陕
	黄河吴堡排污控制区	河口镇至龙门	黄河	回水湾	吴堡水文站	15.8		晋陕
	黄河吴堡过渡区	河口镇至龙门	黄河	吴堡水文站	河底	21.4	Ⅲ	晋陕

表 2-5　榆林市河流水功能一级区划

水系	河流	功能区名称	起始断面	终止断面	河长/km	水质目标
黄河	黄河	晋陕开发利用区	墙头	下张家山村	191	Ⅲ
	皇甫川	府谷保留区	古城	入黄口	48.9	Ⅲ
	清水川	府谷保留区	哈镇	入黄口	48.6	Ⅲ
	孤山川	府谷源头保护区	省界	庙沟门	8.5	Ⅱ
		府谷保留区	庙沟门	孤山	27.0	Ⅲ
		府谷开发利用区	孤山	高石崖	16.3	Ⅲ
		府谷缓冲区	高石崖	入黄口	4.3	Ⅲ
	秃尾河	神木源头保护区	源头	瑶镇	31.4	Ⅱ
		神木开发利用区	瑶镇	高家堡	38.8	Ⅲ
		神木保留区	高家堡	入黄口	69.4	Ⅲ
	佳芦河	佳县源头保护区	源头	王家砭	45.5	Ⅱ
		佳县保留区	王家砭	入黄口	47.0	Ⅱ
窟野河	窟野河	蒙陕缓冲区	省界	大柳塔	27.0	Ⅲ
		神木开发利用区	大柳塔	贺家川	131.8	Ⅲ
		神木缓冲区	贺家川	入黄口	13.0	Ⅲ
	牸牛川	蒙陕缓冲区	贾家畔	杨旺塔	8.1	Ⅲ
		神木开发利用区	杨旺塔	入窟口	30.0	Ⅲ
	考考乌素	神木保留区	源头	入窟口	41.9	Ⅲ
	麻家塔沟	神木源头保护区	源头	入窟口	29.9	Ⅱ

续表 2-5

水系	河流	功能区名称	起始断面	终止断面	河长/km	水质目标
无定河	无定河	吴旗源头保护区	源头	新桥	55.9	Ⅱ
		靖边开发利用区	新桥	金鸡沙	33.0	Ⅱ
		蒙陕缓冲区	金鸡沙	雷龙湾	115.5	Ⅲ
		横、米、绥开发利用区	雷龙湾	淮宁河口	158.3	Ⅲ
		绥德缓冲区	淮宁河口	入黄口	115.2	Ⅲ
	海流兔河	横山保留区	省界	入无定河口	46.8	Ⅲ
	芦河	靖边源头保护区	源头	张家峁水库	48.4	Ⅱ
		横山开发利用区	张家峁水库	入无定河口	117.4	Ⅲ
	榆溪河	榆林源头保护区	榆林	白河入口	48.0	Ⅱ
		榆林开发利用区	白河入口	入无定河口	64.0	Ⅲ
	大理河	靖边源头保护区	源头	青阳岔	35.2	Ⅱ
		绥德保留区	青阳岔	入无定河口	134.9	Ⅲ
	小理河	子洲保留区	源头	入无定河口	69.4	Ⅲ
	淮宁河	绥德保留区	源头	入无定河口	98.4	Ⅲ
泾河	马莲河	定边源头保护区	源头	耿湾	67.1	Ⅲ

2)水功能二级区划

在一级区划的基础上,榆林市二级区划主要包括用水区、过渡区和污染排放控制区,共划分二级水功能区 24 个,河长 878.8 km,详见表 2-6。其中榆阳区二级水功能区 3 个,河长 64.0 km。

表2-6　榆林市河流水功能二级区划

水系	河流	功能区名称	起始断面	终止断面	河长/km	水质目标
黄河	黄河	天桥农业用水区	墙头	天桥大坝	48.3	Ⅲ
		府谷排污控制区	天桥大坝	孤山川入口	9.7	Ⅲ
		府谷过渡区	孤山川入口	石马川入口	19.9	Ⅲ
		碛口农业用水区	石马川入口	回水湾	202.5	Ⅲ
		吴堡排污控制区	吴堡水文站	河底	21.4	Ⅲ
	孤山川	府谷饮用、农业用水区	孤山	高石崖	16.3	Ⅲ
	秃尾河	神木饮用、农业用水区	瑶镇	采兔沟大坝	13.0	Ⅲ
		排污控制区	采兔沟大坝	高家堡	25.8	Ⅲ
窟野河	窟野河	神木饮用、农业用水区	大柳塔	神木	63.4	Ⅲ
		神木农业用水区	神木	贺家川	55.8	Ⅲ
	特牛川	神木工业、农业用水区	杨旺塔	入窟口	30.0	Ⅲ
无定河	无定河	靖边工业、农业、渔业用水区	新桥	金鸡沙	33.0	Ⅱ
		横山饮用、工业、农业用水区	雷龙湾	榆溪河口	72.4	Ⅲ
		米脂工业、农业用水区	雷龙湾	淮宁河口	45.3	Ⅲ
		米脂排污控制区	米脂	十里铺	5.5	Ⅳ
		绥德工业、农业用水区	十里铺	绥德	27.9	Ⅲ
		绥德排污控制区	绥德	淮宁河口	7.2	Ⅳ
	芦河	靖边工业、农业用水区	张家峁	靖边	11.7	Ⅲ
		靖边排污控制区	靖边	新农村	5.0	Ⅳ
		靖边过渡区	新农村	杨桥畔	27.2	Ⅲ
		横山工业、农业、渔业用水区	杨桥畔	入无定河口	73.5	Ⅲ
	榆溪河	榆林饮用、工业用水区	白河入口	榆林	20.9	Ⅲ
		榆林排污控制区	榆林	南郊农场	5.0	Ⅳ
		榆林工业、农业用水区	南郊农场	入无定河口	38.1	Ⅲ

2. 水质情况

榆林市地表水主要为黄河干流、窟野河、秃尾河、无定河和榆溪河等支流,榆林市生态环境局每月对各河流代表断面进行水质监测,根据2020年《榆林市地表水环境质量月报》,各代表断面水质变化情况见表2-7。

表2-7　榆林市2020年主要河流水质评价

河流	断面名称	1月	2月	3月	4月	5月	6月	7月	8月	9月	10月	11月	12月	水质目标
黄河干流	碛塄	Ⅱ	Ⅰ	Ⅱ	Ⅲ	Ⅱ	Ⅱ	Ⅲ	Ⅱ	Ⅲ	Ⅲ	Ⅱ	Ⅱ	Ⅱ
	柏树坪	Ⅳ	Ⅲ	Ⅱ	Ⅱ	Ⅲ	Ⅳ	Ⅱ	Ⅲ	Ⅲ	Ⅲ	Ⅱ	Ⅱ	Ⅱ
窟野河	石圪台	Ⅱ	Ⅲ	Ⅲ	Ⅱ	Ⅲ	Ⅲ	Ⅲ	Ⅲ	Ⅱ	Ⅰ	Ⅲ	Ⅲ	Ⅳ
	草垛山	Ⅲ	Ⅱ	Ⅳ	Ⅱ	Ⅲ	Ⅲ	Ⅱ	Ⅲ	Ⅲ	Ⅱ	Ⅱ	Ⅲ	Ⅳ
	孟家沟	Ⅲ	Ⅲ	Ⅲ	Ⅱ	Ⅱ	Ⅱ	Ⅱ	Ⅲ	Ⅲ	Ⅱ	Ⅱ	Ⅲ	Ⅳ
	温家川	劣Ⅴ	Ⅳ	Ⅳ	Ⅳ	Ⅱ	Ⅱ	Ⅳ	Ⅲ	Ⅲ	Ⅱ	Ⅰ	Ⅲ	Ⅲ
	贾家畔	Ⅲ	Ⅲ	—	—	—	—	Ⅳ	Ⅲ	Ⅱ	Ⅲ	Ⅲ	Ⅲ	Ⅲ
秃尾河	高家川	Ⅲ	Ⅱ	Ⅱ	Ⅱ	Ⅲ	Ⅲ	Ⅴ	Ⅴ	Ⅱ	Ⅱ	Ⅱ	Ⅱ	Ⅲ
无定河	庙畔	Ⅱ	Ⅱ	Ⅱ	Ⅱ	Ⅱ	Ⅱ	Ⅱ	Ⅱ	Ⅱ	Ⅱ	Ⅱ	Ⅱ	Ⅱ
	米脂	Ⅲ	Ⅲ	Ⅲ	Ⅲ	Ⅳ	Ⅱ	Ⅱ	Ⅲ	Ⅲ	Ⅲ	Ⅱ	Ⅱ	Ⅳ
	辛店	Ⅴ	Ⅲ	Ⅲ	Ⅲ	Ⅲ	Ⅳ	Ⅲ	Ⅳ	Ⅲ	Ⅲ	Ⅳ	Ⅲ	Ⅲ
榆溪河	红石峡	Ⅱ	Ⅱ	Ⅱ	Ⅱ	Ⅱ	Ⅱ	Ⅱ	Ⅱ	Ⅱ	Ⅱ	Ⅱ	Ⅱ	Ⅱ
	刘官寨	Ⅲ	Ⅲ	Ⅲ	Ⅲ	Ⅲ	Ⅲ	Ⅲ	Ⅱ	Ⅱ	Ⅱ	Ⅱ	Ⅲ	Ⅳ
	鱼河	Ⅳ	Ⅳ	Ⅲ	Ⅲ	Ⅳ	Ⅲ	Ⅲ	Ⅴ	Ⅲ	Ⅲ	Ⅲ	Ⅳ	Ⅳ
达标率/%		78.6	85.7	92.3	84.6	92.3	84.6	71.4	71.4	85.7	85.7	92.9	100	

注:贾家畔断面为国控断面,"—"代表数据未反馈,当月达标率按断面总数为13个计算。

根据实际监测情况,榆林市年平均水质达标率为85.4%,其中黄河干流碛塄和柏树坪、窟野河温家川和贾家畔、秃尾河高家川、无定河辛店、榆溪河鱼河断面存在超标现象。由达标率变化柱状图(见图2-3)可以看出,汛期水质达标率降低,非汛期升高,12月所有断面水质均达标。

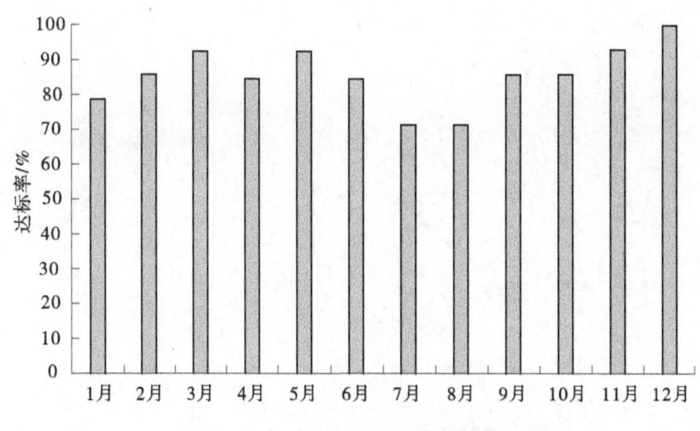

图2-3 水质达标率变化柱状图

黄河干流水质目标为Ⅱ类,2个监控断面均存在超标现象,其中碛塄断面大部分月份达到水质要求,柏树坪断面2020年有7个月水质超标。窟野河石圪台、草垛山、孟家沟断面水质标准为Ⅳ类,全年达标;温家川、贾家畔断面水质标准为Ⅲ类,其中温家川2020年有5个月不达标,1~4月连续不达标,贾家畔仅7月不达标。秃尾河高家川断面水质目标为Ⅲ类,仅7月、8月不达标。无定河庙畔、米脂断面全年达标,辛店断面水质目标为Ⅲ类,有4个月不达标。榆溪河红石峡、刘官寨断面全年达标,鱼河断面水质目标为Ⅳ类,全年仅8月不达标。

榆林市水功能区划见图2-4。

2.2.2.2 **地下水资源质量**

根据《榆林市水资源综合利用规划》,榆林市浅层地下水水质基本良好,矿化度多小于1 g/L,水化学类型以HCO_3-Ca-Mg型水为主。在定边内流区地下水埋深小的地带分布有矿化度1~2 g/L的微咸水,局部地带矿化度高达20 g/L,水化学类型HCO_3·Cl-Na·Mg、Cl-Na,水质较差,难以利用。榆林市各供水水源地水质较好,水化学类型为HCO_3-Ca·Mg型或HCO_3-Na·Mg型,但细菌指标大多超标,部分水源地硬度超标,经过处理后水源地水质均可达到国家生活饮用水水质标准。

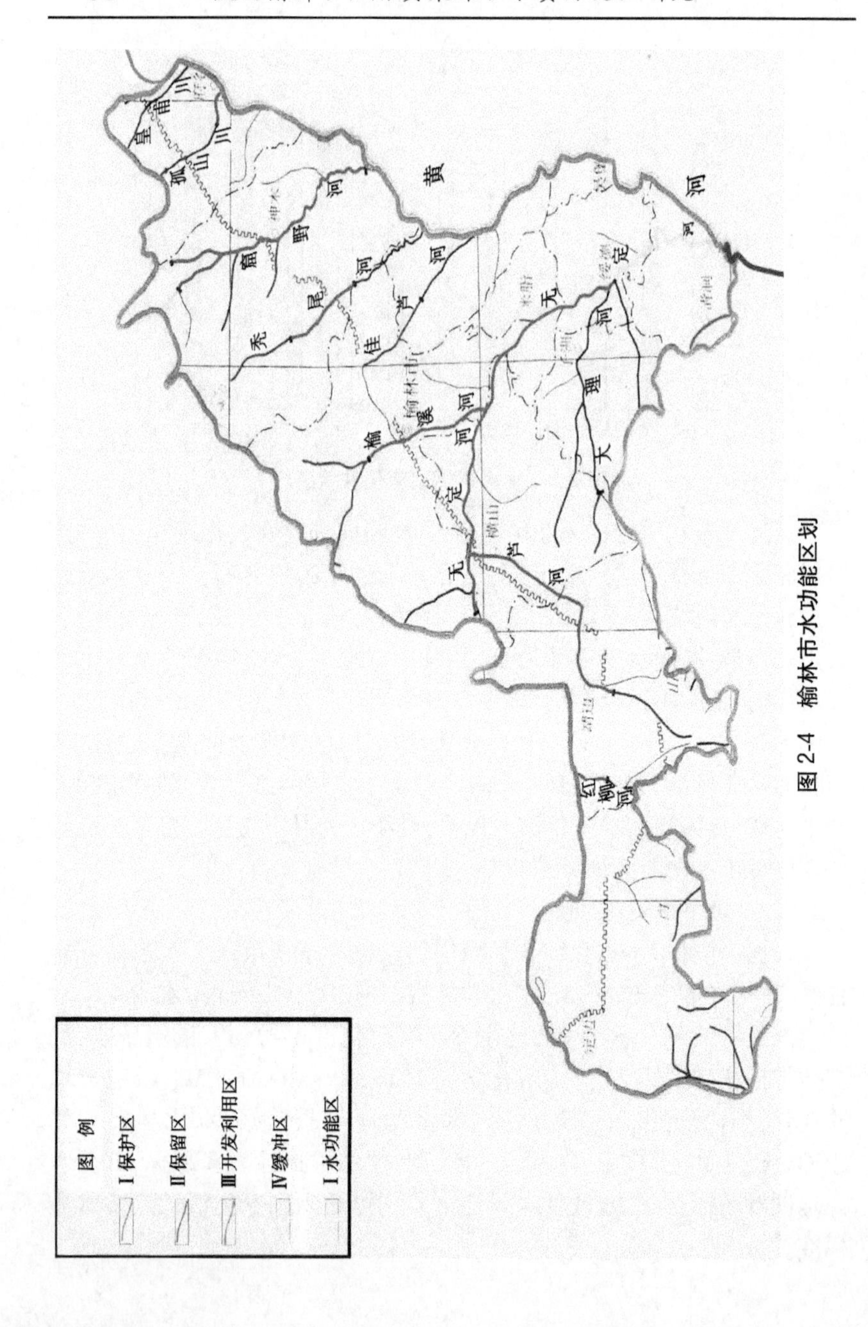

图 2-4 榆林市水功能区划

根据榆林市生态环境局《榆林市市级集中式生活饮用水水源水质状况报告》(2020 年 1～12 月)榆林市城区共 3 处地下水集中饮水水源,分别为红石峡水源井、榆阳泉泉眼、普惠泉泉眼,榆林市生态环境局每月进行一次水质监测,水质评价执行《地下水质量标准》(GB/T 14848—2017)Ⅲ类标准,评价结果显示 3 个水源地水质全年均达标。

根据榆林市生态环境局《榆林市县级集中式生活饮用水源水质状况报告》(2020 年 1~4 季度)定边县、靖边县、府谷县、清涧县共有 6 个地下水水源地,榆林市生态环境保护局每季度进行一次水质监测,水质评价《地下水质量标准》(GB/T 14848—2017)Ⅲ类标准,评价结果显示 6 个水源地水质 4 个季度均达标。

2.3　水资源开发利用现状分析

2.3.1　水利工程现状

截至 2020 年,榆林市现有水库 94 座,总库容 17.01 亿 m^3,其中:大型水库 1 座(王圪堵水库),总库容 3.89 亿 m^3,兴利库容 2.28 亿 m^3;中型水库 27 座,总库容 11.51 亿 m^3,兴利库容 2.15 亿 m^3;小(1)型水库 34 座,总库容 1.34 亿 m^3,兴利库容 0.46 亿 m^3;小(2)型水库 32 座,总库容 0.27 亿 m^3,兴利库容 0.09 亿 m^3,另外,榆林市共有塘坝、涝池等集雨工程 12.58 万处,以上蓄水工程设计供水能力 2.60 亿 m^3;已成引提水工程 3 162 处,其中引水工程 780 处,设计供水能力 1.69 亿 m^3;提水工程 2 382 处,设计供水能力 1.25 亿 m^3。榆林市共有机电井 15.26 万眼,规模以上机井 3.93 万眼,供水能力 6.65 亿 m^3。城市中水回用工程 3 处,其他水源利用工程供水能力 0.164 亿 m^3。

2.3.2　现状供、用水统计

榆林市及榆阳区现状供、用水统计资料摘自《2020 年陕西省水资源公报》。

2.3.2.1　供水统计

1. 榆林市

2020 年榆林市各类供水工程设施总供水量约 11.21 亿 m^3,其中地表水供水量约 4.95 亿 m^3,占总供水量的 43.63%;地下水供水量约 6.17 亿 m^3,占总供水量的 55.06%;其他水源供水量约 0.15 亿 m^3,占总供水量的 1.31%。

2016~2020 年全市平均总供水量 89 686 万 m^3,供水量总体呈上升趋势。近 5 年来榆林市历年供水总量及各水源供水量见表 2-8 和图 2-5,各水源平均供水比例见图 2-6。

表 2-8　榆林市近 5 年供水量统计　　单位:万 m^3

年份	地表水	地下水	非常规水源	总供水量
2016	44 906	33 912	316	79 134
2017	49 200	34 023	717	83 940
2018	50 360	33 986	725	85 071
2019	52 007	34 861	1 310	88 178
2020	48 915	61 727	1 462	112 104
平均值	49 078	39 702	906	89 686

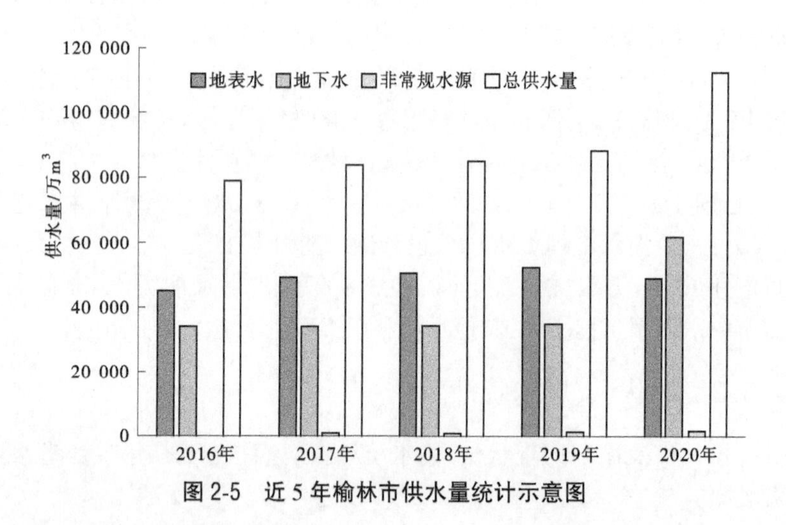

图 2-5　近 5 年榆林市供水量统计示意图

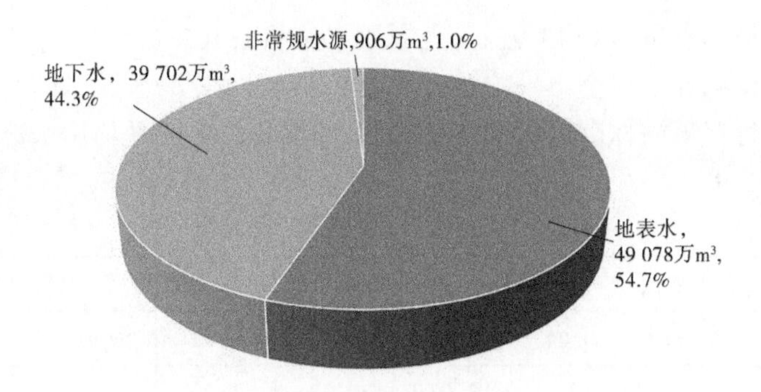

图 2-6　近 5 年榆林市各水源平均供水比例示意图

2. 榆阳区

2020 年榆阳区各类供水工程设施总供水量 33 855 万 m^3,其中地表水供水量 16 885 万 m^3,占总供水量的 49.87%;地下水供水量 16 940 万 m^3,占总供水量的 50.04%;非常规水源 30 万 m^3,占总供水量的 0.09%,见图 2-7。

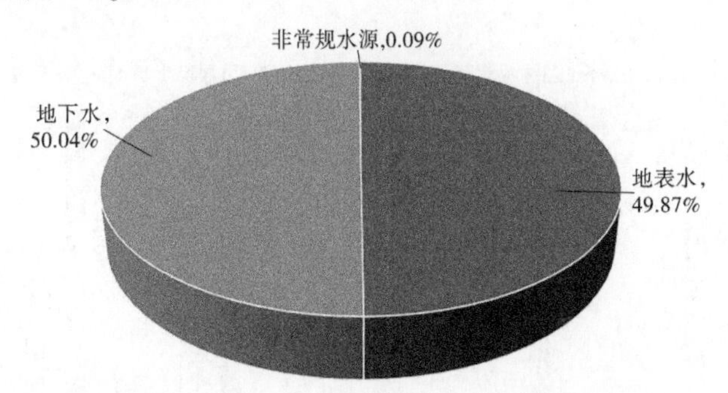

图 2-7　榆阳区 2020 年各水源供水比例示意图

2.3.2.2　用水统计

1. 榆林市

根据《2020 年陕西省水资源公报》,榆林市 2020 年总用水量 11.21 亿 m^3,其中农田灌溉用水量为 5.95 亿 m^3,占总用水量的 53.08%;林牧渔畜用水量为 1.00 亿 m^3,占总用水量的 8.92%;工业用水量为 2.82 亿 m^3,占总用水量的 25.16%;居民生活用水量为 0.97 亿 m^3,占总用水量的 8.65%;城镇公共用水量为 0.34 亿 m^3,占总用水量的 3.03%;

生态环境用水量为 0.13 亿 m^3,占总用水量的 1.16%。

2016~2020 年全市平均总用水量 8.97 亿 m^3,用水量总体呈上升趋势。近年来榆林市用水统计见表 2-9 和图 2-8,各业平均用水比例示意见图 2-9。

表 2-9　榆林市近 5 年各部门用水量　单位:亿 m^3

年份	农田灌溉	林牧渔畜	工业	城镇公共	居民生活	生态环境	总用水量
2016	4.34	0.64	1.65	0.20	0.93	0.16	7.92
2017	4.38	0.6	2.03	0.22	1.00	0.16	8.39
2018	4.16	0.67	2.29	0.22	1.01	0.16	8.51
2019	4.19	0.69	2.47	0.22	1.09	0.17	8.83
2020	5.95	1.00	2.82	0.34	0.97	0.13	11.21
平均值	4.60	0.72	2.25	0.24	1.00	0.16	8.97

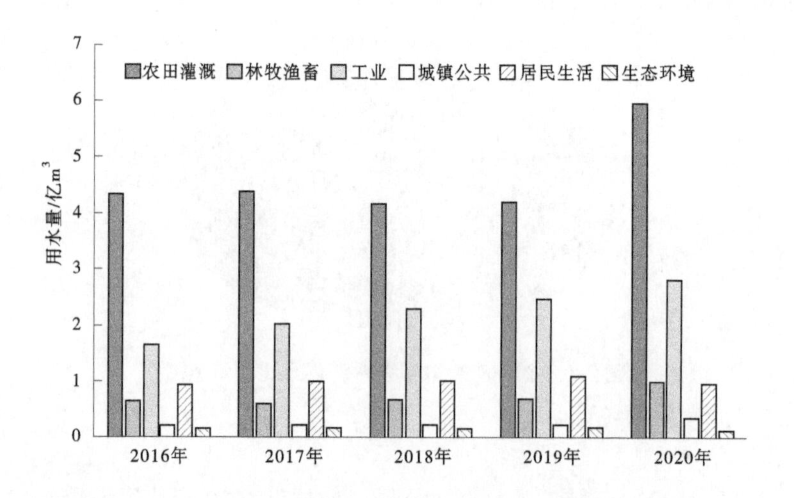

图 2-8　近 5 年榆林市各业用水量示意图

2. 榆阳区

2020 年榆阳区各业总用水量 33 855 万 m^3,其中农田灌溉用水量

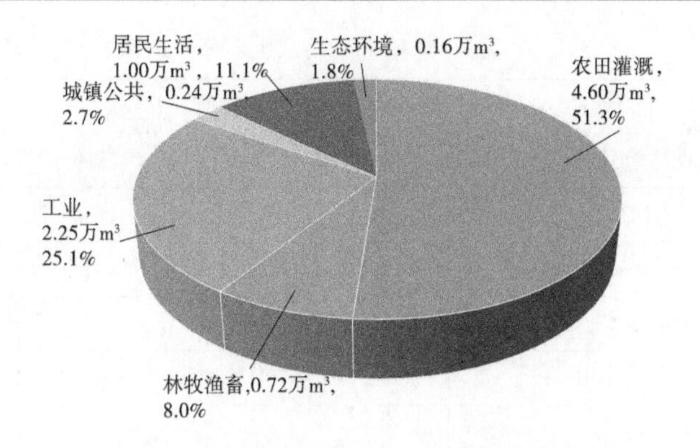

图 2-9　近 5 年榆林市各业平均用水比例示意图

为 18 784 万 m^3，占到总用水量的 55.48%；林牧渔畜用水量为 4 299 万 m^3，占到总用水量的 12.70%；工业用水量为 7 025 万 m^3，占到总用水量的 20.75%；居民生活用水量为 2 194 万 m^3，占总用水量的 6.48%；城镇公共用水量为 1 223 万 m^3，占到总用水量的 3.61%；生态环境用水量为 330 万 m^3，占总用水量的 0.98%，见图 2-10。

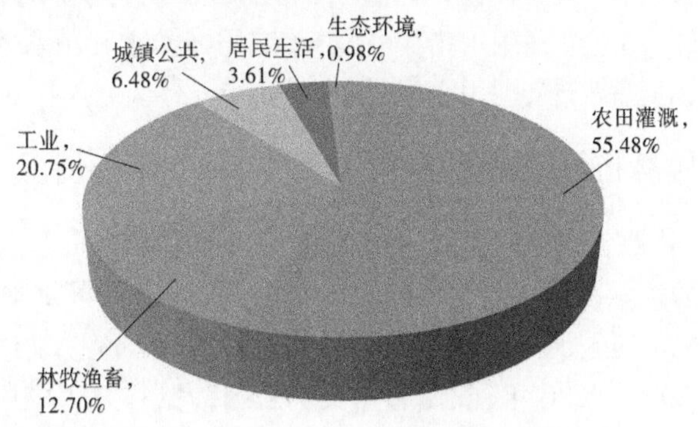

图 2-10　榆阳区 2020 年各行业用水比例示意图

经计算，现状年 2020 年榆林市人均综合用水量为 309 m^3，万元 GDP 用水量 27 m^3，万元工业增加值用水量 12 m^3，农田灌溉亩均用水量 176.2 m^3，农田灌溉水利用系数 0.561，城镇生活用水指标 66 L/(人·d)，农村居民人均生活用水量为 83 L/d。

主要用水指标对比分析见表 2-10。

表 2-10　2020 年榆林市用水水平分析对照

项目类型	单位	榆林市	陕西省	全国
人均综合用水量	m^3	309	229	430
万元 GDP 用水量	m^3	27	34	60
万元工业增加值用水量	m^3	12	12	38
农田灌溉亩均用水量	m^3	176.2	330	368
农田灌溉水利用系数	—	0.561	0.588	0.559
城镇生活用水量（含居民及公共用水）	L/(人·d)	66	98	225
农村居民人均生活用水量	L/d	83	87	89

经分析，现状水平年榆林市万元 GDP 用水量、万元工业增加值用水量、农田灌溉亩均用水量、城镇生活用水量、农村居民人均生活用水量均低于陕西省及全国用水指标值；榆林市人均综合用水量高于陕西省用水指标，低于全国用水指标；榆林市农田灌溉水利用系数低于陕西省用水指标值，高于全国用水指标值。

2.3.3　榆林市现状水平年取、耗黄河水量指标情况

根据《陕西省水利厅关于调整陕西省黄河取水许可总量控制指标细化方案的请示》（陕水字〔2012〕33 号），榆林市黄河可供水量为 7.62 亿 m^3，其中黄河干流 3.17 亿 m^3，黄河支流 4.45 亿 m^3。

根据 2016~2020 年《陕西省水资源公报》及《榆林市供用水量统计报表》中榆林市地表取水统计数据，参考《黄河水资源公报》中计算出的陕西省各年度黄河流域耗水系数，分析榆林市近 5 年（2016~2020 年）的地表耗水情况。

根据表 2-11，榆林市 2016～2020 年黄河流域地表水取用量平均为 4.91 亿 m^3，地表耗水量平均为 3.88 亿 m^3，陕西省分配给榆林市黄河流域地表可供水量为 7.62 亿 m^3，仍有 3.74 亿 m^3 黄河取水指标剩余。

表 2-11　榆林市 2016～2020 年耗用黄河流域地表水情况统计

水量单位：亿 m^3

项目	2016 年	2017 年	2018 年	2019 年	2020 年	平均
榆林市地表水供水量	4.49	4.92	5.04	5.20	4.89	4.91
陕西省黄河流域地表耗水系数	0.79	0.79	0.79	0.79	0.79	0.79
榆林市地表耗水量	3.55	3.89	3.98	4.11	3.86	3.88
正常来水年份榆林市可供水量	7.62	7.62	7.62	7.62	7.62	7.62
榆林市剩余可供地表水量	4.07	3.73	3.64	3.51	3.76	3.74

注：按照陕西省近 5 年黄河耗水系数计算榆林市地表耗水量。

2.3.4　榆林市"三条红线"控制指标及落实情况

2.3.4.1　用水总量

根据《陕西省水利厅关于下达"十三五"水资源管理控制目标的通知》（陕水资发〔2016〕55 号）：榆林市 2020 年用水总量控制在 12.10 亿 m^3 内。

根据《2020 年陕西省水资源公报》，2020 年榆林市用水总量 11.21 亿 m^3，低于年度目标值，见表 2-12。

表 2-12　榆林市用水总量控制情况　　单位：亿 m^3

地区	2020 年控制指标	2020 年实际用水量
榆林市	12.10	11.21

2.3.4.2　用水效率及重要水功能区水质达标情况

根据《陕西省水利厅关于下达"十三五"水资源管理控制目标的通知》（陕水资发〔2016〕55 号）：要求榆林市 2020 年全市万元国内生产总值用水量相比 2015 年下降 10%，万元工业增加值用水量相比 2015

年下降10%,农田灌溉水有效利用系数达到0.560,重要水功能区水质达标率75.0%。

根据《榆林市2020年度实行最严格水资源管理制度考核工作自查报告》:2020年榆林市万元国内生产总值用水量为27 m^3,相比2015年下降6.87%;万元工业增加值用水量为12 m^3,相比2015年上升19.31%,农田灌溉水有效利用系数达0.561,重要水功能区水质达标率93.3%(见表2-13),农田灌溉水有效利用系数和重要水功能区水质达标率达到控制目标要求。

表2-13　用水效率及重要水功能区水质达标情况

指标名称	榆林市	
万元国内生产总值用水量/m^3	2020	27(当年价)
	2015	29.4(当年价)
万元工业增加值用水量/m^3	2020	12(当年价)
	2015	10(当年价)
农田灌溉水有效利用系数	0.561	
重要水功能区水质达标率/%	93.3	

2.4　水资源开发利用潜力及存在的主要问题

2.4.1　水资源开发利用潜力

榆林市属于重度缺水地区,榆林市地表自产水资源量为17.60亿m^3,多年平均入境径流量6.26亿m^3,2020年地表水实际供水量为4.89亿m^3,扣除2020年引黄水水量0.03亿m^3,当地地表水供水量4.86亿m^3,地表水开发利用率为27.6%;榆林市全市地下水资源量为21.20亿m^3,地下水资源可开采量为5.91亿m^3,2020年地下水实际供水量为6.17亿m^3,地下水资源开发利用率为104.4%。从榆林市地表水开发利用率27.6%、地下水资源开发利用率104.4%分析,榆林市地表水资源有一定的开发潜力,地下水资源超过可开发利用上限(榆林市超采区划定为靖边县)。

2.4.2 水资源开发利用存在的主要问题

(1)区域水资源开发利用难度大,水资源供需矛盾突出。

榆林市北部的风沙草滩区面积约占全市面积的40%,水资源量约占全市水资源总量的80%,但由于其地貌多平缓土丘,土质为松散的粉砂、亚黏土及砂质黄土,缺乏建设大型蓄水工程的地形地质条件;南部处于黄土丘陵沟壑区,面积约占全市面积的60%,水资源量约占全市水资源总量的20%,不仅资源有限,而且也不具备修建水利工程的地质地形条件。

榆林市境内水资源时空分布不均,特别是东部的皇甫川、清水川等河流含沙量大,径流丰枯变化悬殊,水资源开发利用难度大。

榆林市为国家能源基地的核心区域,工业经济发展快速,用水需求量大,而区域水资源相对匮乏,水资源不足成为制约域内经济社会发展的一大因素。

(2)用水结构与产业结构不协调,水资源配置有待优化。

由于受经济发展的制约,现状年各部门用水不平衡,用水结构与经济社会发展及产业结构布局不协调,用水结构不合理。农业用水比例过大,2020年农业增加值仅占全市GDP的6.6%,用水量占总用水量比例高达65%,农业节水形势压力较大,水资源配置有待优化。

(3)水网工程建设滞后,供水保障能力不足。

榆林市现有水网工程中部分水库淤积较为严重、供水能力衰减,难以发挥工程功能,另外像王圪堵、瑶镇、采兔沟等水库现状还未发挥水库设计供水能力。规划水网工程建设滞后,难以实现将引黄水与当地水进行统一调度、统一管理、相互补充的有机整体,无法为日益增长的用水需求提供供水保障。

(4)非常规水源有较大可利用潜力。

榆林市目前对于矿井水以及城市再生水的利用非常有限,这部分水资源量还有一定的利用潜力,特别是污水的再生利用和矿井疏干水。

有效地利用这部分水源可在很大程度上减少地表水和地下水的开发量,对水资源的可持续发展具有重要意义。

(5)部分区域地下水资源超采。

靖边东坑、宁条梁镇一带是省水利厅划定的地下水超采区区域,同时是靖边现代农业产业示范区灌溉面积25万亩,主要种植蔬菜等高耗水作物,大量的地下水开采致使区域水位持续下降。榆林市及靖边县近年来一直在寻求治理途径,但因为靖边县各行业用水对地下水依赖程度很高,地下水供水量占到全县的75%以上,区内又没有地表水源替代,超采问题尚未得到有效治理。

第 3 章　用水合理性分析

本章内容包括用水节水工艺和技术分析、用水过程和水量平衡分析、现状用水水平分析、节水潜力分析、用水量核定等五个部分，主要研究思路如下：

(1) 从项目生产工艺、用水工艺、节水技术等方面，对照国家、地方、行业相关要求，分析项目用水节水工艺和技术的合理性。

(2) 在简要介绍项目用排水情况基础上，按照行业标准、规范，对各主要用水系统进行详细的分析与核定。

(3) 根据核定后的用水量，计算项目用水指标，分析项目节水潜力，并提出相应的节水减污措施；通过分析项目用节水相关政策的符合性、节水工艺技术的可行性、用水指标的先进性等，对项目的节水情况进行评价。

(4) 对论证前后水量变化情况进行说明，确定项目总的合理取用水量。

3.1　用水节水工艺和技术分析

3.1.1　生产工艺分析

本项目生产工艺包括原煤开采和原煤洗选工艺。

3.1.1.1　采煤工艺

麻黄梁主要可采煤层为 3^{-1} 号薄煤层、3 号煤层。3^{-1} 号薄煤层采用薄煤层综采采煤法，3 号煤层采用长壁综采放顶煤采煤方法，全部垮落管理顶板，采煤工作面主要设备按全部国产化原则配置，符合《煤炭产业政策》中“发展综合机械化采煤技术，推行壁式采煤”的要求。以下分别采用《清洁生产标准 煤炭采选业》(HJ 446—2008)、《产业结构调整指导目录(2019 年本)》、《国家能源局 环境保护部 工业和信息化部关于促进煤炭安全绿色开发和清洁高效利用的意见》(国能煤炭〔2014〕571 号)等对麻黄梁煤矿的生产工艺先进性进行分析。

《清洁生产标准 煤炭采选业》(HJ 446—2008)给出了煤炭采选行业生产过程清洁生产水平的三级指标,具体如下。一级:国际清洁生产先进水平;二级:国内清洁生产先进水平;三级:国内清洁生产基本水平。

本项目生产工艺与装备要求指标分析见表 3-1。

表 3-1　本项目生产工艺与装备要求指标分析

<table>
<tr><th colspan="2">清洁生产指标等级</th><th>一级</th><th>二级</th><th>三级</th><th>本项目指标</th><th>等级</th></tr>
<tr><td colspan="7">(一)采煤生产工艺与装备要求</td></tr>
<tr><td colspan="2">总体要求</td><td colspan="3">符合国家环保、产业政策要求,采用国内外先进的煤炭采掘、煤矿安全、煤炭贮运生产工艺和技术设备。有降低开采沉陷和矿山生态恢复措施及提高煤炭回采率的技术措施</td><td>采用综合机械化开采工艺,选用国内成熟、可靠的开采设备,实现全机械化生产</td><td>符合</td></tr>
<tr><td rowspan="3">井工煤矿工艺与装备</td><td>煤矿机械化掘进比例/%</td><td>≥95</td><td>≥90</td><td>≥70</td><td>100</td><td>一级</td></tr>
<tr><td>煤矿综合机械化采煤比例/%</td><td>≥95</td><td>≥90</td><td>≥70</td><td>100</td><td>一级</td></tr>
<tr><td>井下煤炭输送工艺及装备</td><td>长距离井下至井口带式输送机连续运输(实现集控),立井采用机车牵引矿车运输</td><td>采区采用带式输送机;井下大巷采用机车牵引矿车运输</td><td>采用以矿车为主的运输方式</td><td>长距离井下至井口带式输送机连续运输</td><td>一级</td></tr>
</table>

续表 3-1

清洁生产指标等级		一级	二级	三级	本项目指标	等级
井工煤矿工艺与装备	井巷支护工艺及装备	井筒岩巷光爆锚喷、锚杆、锚索等支护技术,煤巷采用锚网喷或锚网、锚索支护;斜井明槽开挖段及立井井筒采用砌壁支护	大部分井筒岩巷采用光爆锚喷、锚杆、锚索等支护技术,煤巷采用锚网喷或锚网支护,部分井筒及大巷采用砌壁支护,采区巷道金属棚支护	部分井筒岩巷采用光爆锚喷、锚杆、锚索等支护技术,煤巷采用锚网喷或锚网支护,大部分井筒及大巷采用砌壁支护,采区巷道金属棚支护	大部分井筒岩巷采用光爆锚喷支护技术,煤巷采用锚网支护	二级
贮煤装运系统	贮煤设施工艺及装备	原煤进筒仓或全封闭的贮煤场		部分进筒仓或全封闭的贮煤场。其他设有挡风抑尘措施和洒水喷淋装置的贮煤场	进筒仓或全封闭的贮煤场	一级
	煤炭装运	有铁路专用线,铁路快速装车系统、汽车公路外运采用全封闭车厢,矿山到公路运输线必须硬化	有铁路专用线,铁路一般装车系统,汽车公路外运采用全封闭车厢,矿山到公路运输线必须硬化	公路外运采用全封闭车厢或加遮苫汽车运输,矿山到公路运输线必须硬化	采用全封闭车厢或加遮苫汽车运输,矿山到公路运输线已硬化	三级
原煤入选率/%		100		≥80	选煤厂建设规模 2.4 Mt/a,原煤 100%入选	一级

续表 3-1

<table>
<tr><th colspan="3">清洁生产指标等级</th><th>一级</th><th>二级</th><th>三级</th><th>本项目指标</th><th>等级</th></tr>
<tr><td colspan="8">(二)选煤生产工艺与装备要求</td></tr>
<tr><td colspan="3">总体要求</td><td colspan="3">符合国家环保、产业政策要求,采用国内外先进的煤炭洗选、选煤水闭路循环、煤炭贮运生产工艺和技术设备</td><td>采用国内外先进的煤炭洗选、选煤水闭路循环、煤炭贮运生产工艺和技术设备</td><td>符合</td></tr>
<tr><td rowspan="4">备煤工艺及装备</td><td colspan="2">原煤运输</td><td colspan="2">由封闭皮带运输机将原煤直接运进矿井洗煤厂的贮煤设施</td><td>由箱车或矿车将原煤运进矿井洗煤厂的贮煤设施</td><td>采用全封闭皮带运输机将原煤直接运洗煤厂</td><td>一级</td></tr>
<tr><td colspan="2">原煤贮存</td><td>原煤进筒仓或全封闭的贮煤场</td><td>部分进筒仓或全封闭的贮煤场。其他设有挡风抑尘措施和洒水喷淋装置的贮煤场</td><td>原煤进设有挡风抑尘措施和洒水喷淋装置的贮煤场</td><td>原煤进筒仓或全封闭的贮煤场</td><td>一级</td></tr>
<tr><td rowspan="2">原煤破碎筛分分级</td><td>防噪措施</td><td colspan="3">破碎机、筛分机采用先进的减振技术,橡胶筛板溜槽转载部位采用橡胶铺垫,设立隔音操作间</td><td>筛分、破碎系统进行减震,并设隔音操作间</td><td>一级</td></tr>
<tr><td>除尘措施</td><td>破碎机、筛分机、皮带运输机、转载点全部封闭作业,并设有除尘机组、车间设机械通风措施</td><td>破碎机、筛分机加集尘罩并设有除尘机组、带式运输机、转载点设喷雾降尘系统</td><td>破碎机、筛分机、带式运输机、转载点设喷雾降尘系统</td><td>破碎机、筛分机、带式运输机、转载点设喷雾降尘系统</td><td>三级</td></tr>
</table>

续表 3-1

清洁生产指标等级	一级	二级	三级	本项目指标	等级
精煤、中煤、矸石、煤泥贮存	精煤、中煤、矸石分别进入封闭的精煤仓、中煤仓、矸石仓或封闭的贮场，多余矸石进入排矸场处置，煤泥经压滤处理后进入封闭的煤泥贮存场		精煤、中煤、矸石和经压滤处理后的煤泥分别进入设有挡风抑尘措施的贮存场。多余矸石进入排矸场处置	产品及矸石全部采用封闭的煤仓、矸石仓暂存，矸石充填工艺综合利用，煤泥浓缩、压滤后参入末煤外销	一级
选煤工艺装备	全过程均实现数量、质量自动监测控制，并设有自动机械采样系统，洗炼焦煤配备浮选系统		由原煤的可选性确定采用成熟的选煤工艺设备，实现单元作业操作程序自动化，设有全过程自动控制手段	选煤采用动筛跳汰分选工艺，操作程序自动化	一级
选煤水处理	选煤水处理系统采用高效浓缩机，并添加絮凝剂，尾煤采用压滤机回收，并设有相同型号的事故浓缩池，吨入洗原煤补充水量小于 0.10 m^3，闭路循环，不外排		选煤水处理系统采用普通浓缩机，并添加絮凝剂，尾煤采用压滤机回收，并设有相同型号的事故浓缩池	选煤水处理系统采用高效浓缩机，并添加絮凝剂，尾煤采用压滤机回收，并设有事故浓缩池，入洗原煤补充水量小于 0.10 m^3，煤泥水闭路循环，不外排	一级
原煤生产水耗/(m^3/t)	≤0.1	≤0.2	≤0.3	0.095	一级
选煤水耗/(m^3/t)	≤0.1		≤0.15	0.027	一级

《产业结构调整指导目录(2019 年本)》中关于煤炭生产工艺的规定见表 3-2。

表 3-2 本项目与《产业结构调整指导目录(2019 年本)》符合性一览

序号	《产业结构调整指导目录(2019 年本)》鼓励类规定	项目情况	符合性
1	矿井灾害(瓦斯、煤尘、矿井水、火、围岩、地温、冲击地压等)防治	项目生产过程中坚持“预测预报、有疑必探、先探后掘、先治后采”防治水原则,矿井属低瓦斯矿井	符合
2	煤层气勘探、开发、利用和煤矿瓦斯抽采、利用		符合
3	地面沉陷区治理、矿井水资源保护与利用	项目设置有专门部门对沉陷区进行治理和搬迁;矿井水在自身回用基础上,多余部分处理达标后排放,综合利用	符合
4	煤矿生产过程综合监控技术、装备开发与应用	项目生产过程中全部自动化和数字化	符合
5	非常规水源的开发利用	项目充分利用非常规水源,生产生活用水全部使用自身矿井水,生活污水处理达标后全部回用	符合

根据《国家能源局 环境保护部 工业和信息化部关于促进煤炭安全绿色开发和清洁高效利用的意见》(国能煤炭〔2014〕571 号),2020 年全国煤矿采煤机械化程度达到 85%以上,掘进机械化程度达到 62%以上,厚及特厚煤层回采率达到 70%以上,原煤入选率达到 80%以上,煤矿稳定塌陷土地治理率达到 80%以上,排矸场和露天矿排土场复垦率达到 90%以上。

根据麻黄梁煤矿实际情况,该矿采煤机械化程度 100%,掘进机械化程度 100%以上,采区回采率大于或等于 75%,工作面回采率达到 85%,原煤入选率 100%,煤矿稳定塌陷土地治理率达到 92%,各项指标均达到或优于《国家能源局 环境保护部 工业和信息化部关于促进煤炭安全绿色开发和清洁高效利用的意见》(国能煤炭〔2014〕571号)要求。

3.1.1.2　选煤工艺

麻黄梁煤矿选煤厂建设规模2.4 Mt/a,原煤经筛分后,筛下-30 mm的混煤直接作为产品煤,筛上+30 mm大块进入动筛跳汰机排矸;动筛生产的精煤进入分级筛进行分级,然后大块、中块入块煤堆场或块煤仓存装销售。动筛的透筛物经筛分机脱水后,粗煤泥由斗提机进行回收,细煤泥由隔膜压滤机进行回收,脱水回收的粗细煤泥再掺入-30 mm的末原煤中,进入末煤仓储存装车销售。选煤工艺成熟稳定可靠,应用广泛。

3.1.2　用水工艺分析

本项目用水工艺包括原煤生产用水工艺、选煤用水工艺和水处理工艺。

3.1.2.1　原煤生产用水工艺

本项目原煤生产用水主要为井下降尘洒水、锅炉用水、地面防尘绿化用水等,在后面章节,将根据用水设备数量及型号、用地面积等,结合国家及地方用水定额标准对原煤生产用水进行详细分析,在此不再赘述。

3.1.2.2　选煤用水工艺

1.煤泥水闭路循环系统工艺

选煤系统是一个亏水系统,动筛跳汰机通过水力分选原煤,上清液及煤泥脱出水均收集至浓密池,浓密池上清液自流至循环水池作为动筛跳汰机给水池。浓密池底液经搅拌提升至隔膜压滤机,压滤清液进入循环水。事故状态下排水全部进入位于选煤系统最低处的事故池,再经泵提升至隔膜压滤机,保证煤泥水不外排。

2.煤泥水闭路循环等级分析

中国煤炭行业标准《洗煤厂洗水闭路循环等级》(GB/T 35051—2018)中规定的洗煤水一级闭路循环标准如下:

(1)实现清水洗煤,洗水动态平衡,不向厂区外排放水。水重复利用率在90%以上。

(2)煤泥全部在厂房内由机械回收。

(3)设有缓冲池或浓缩机,并有完备的回水系统。

(4)主选工艺为跳汰选煤的选煤厂洗煤水浓度小于5 g/L。

(5)年入选原料煤达到设计能力的70%以上。

本工程煤泥全部在厂房内由浓缩机和压滤机回收,设有50 m^3 浓缩池和55 m^3 事故水池,并有完备的回收系统,原煤100%入选,水重复利用率在95%以上,满足洗煤水一级闭路循环标准。

3.1.2.3 水处理工艺

1. 矿井水

矿井水处理站采用"化学絮凝+迷宫斜管净化+砂滤+消毒"技术,处理达标后的矿井水一部分用于自身矿井生产,多余部分外排。矿井水处理工艺成熟、应用广泛、便于管理、水质处理效果好。

2. 生活污水

主要来自办公楼、食堂、浴室、洗衣房等,主要污染物为SS、COD、BOD、油脂、洗涤剂等。生活污水处理站采用物理化学+二级生物接触氧化法+MBR膜+消毒的处理工艺,该工艺应用广泛,成熟稳定可靠。

3.1.3 节水技术分析

麻黄梁煤矿采用矿井水为生活、生产水源,根据各用水环节的水质要求实现分质供水,提高了水资源的利用率,充分体现现代化矿井节能减排的发展理念。

生产系统采用先进高效设备,井下用水采用高效洒水喷头,提高雾化除尘效率,减少用水量。煤泥全部在厂房内由浓缩机和压滤机回收,洗煤水实现一级闭路循环。矿井生活供水采用恒压变频设备,供水量稳定,水压变化小,供水安全,节水效果好。

麻黄梁煤矿废污水为井下排水、生活污水、选煤厂泥水。按照"分质处理、分质回用"原则,井下排水经处理达标后充分回用于内部生产、生活,生活污水经处理达标后回用于选煤厂,选煤厂煤泥水采用浓缩机和加压过滤机处理后内部循环使用,不外排。

麻黄梁煤矿与国家相关节水政策要求的符合性见表3-3。

表3-3　本项目与国家相关节水政策要求符合性一览

名称	政策要求	相符性
当前国家鼓励发展的节水设备(产品)目录(第一、二批)	1. 组合式污水处理及再生利用装置;2. 中水再生利用装置;3. 微过滤法深度处理污水及中水回用装置;4. 感应式节水器	符合
《中华人民共和国水法》(2016年7月修订)	第五十一条 工业用水应当采用先进技术、工艺和设备,增加循环用水次数,提高水的重复利用率。第五十二条 城市人民政府应当因地制宜采取有效措施,推广节水型生活用水器具,降低城市供水管网漏失率,提高生活用水效率;加强城市污水集中处理,鼓励使用再生水,提高污水再生利用率	符合
《产业结构调整指导目录(2019年本)》	鼓励类:环境保护与资源节约综合利用类第15项中的“三废综合利用”	符合
《国务院关于实行最严格水资源管理制度的意见》(2012年)	鼓励并积极发展污水处理回用、雨水和微咸水开发利用、海水淡化和直接利用等非常规水源开发利用。非常规水源开发利用纳入水资源统一配置	符合
《中共中央 国务院关于加快推进生态文明建设的意见》(2015年5月)	(十三)加强资源节约。积极开发利用再生水、矿井水、空中云水、海水等非常规水源,严控无序调水和人造水景工程,提高水资源安全保障水平。促进矿产资源高效利用,提高矿产资源开采回采率、选矿回收率和综合利用率	符合
《全民节水行动计划》(发改环资〔2016〕2259号)	根据水资源赋存情况和水资源管理要求,科学制定工业行业的用水定额,逐步降低产品用水单耗。全面推进污水再生利用和雨水资源化利用	符合

续表 3-3

名称	政策要求	相符性
《节水型社会建设“十三五”规划》(2017年)	继续推动矿井水综合利用,煤炭矿区及周边工业用水优先考虑采用矿井水,支持和鼓励大水矿区发展矿井水产业化利用。因地制宜修建矿井水利用和净化设施,把矿井水利用与矿区及周边生活、生产、生态用水有机结合	符合
《国家节水行动方案》(国家发改委、水利部于2019年4月15日印发并实施)	大力推广高效冷却、洗涤、循环用水、废污水再生利用、高耗水生产工艺替代等节水工艺和技术。支持企业开展节水技术改造及再生水回用改造,重点企业要定期开展水平衡测试、用水审计及水效对标	符合
《国务院关于印发节能减排综合性工作方案的通知》(2007年)	实施水资源节约利用:加快实施重点行业节水改造及矿井水利用重点项目,加快节能减排技术产业化示范和推广	符合
《国务院关于促进煤炭工业健康发展的若干意见》(国发〔2005〕18号)	推进资源综合利用。按照高效、清洁、充分利用的原则,开展煤矸石、煤泥、煤层气、矿井排放水以及与煤共伴生资源的综合开发与利用	符合
《煤炭工业节能减排工作意见》(2007年)	采用保水、节水开采措施,合理保护矿区水资源。矿井水必须进行净化处理和综合利用,矿区生产、生活必须优先采用处理后的矿井水;有外供条件的,当地行政管理部门应积极协调,支持矿井水的有效利用	符合

续表 3-3

名称	政策要求	相符性
《中华人民共和国国民经济和社会发展第十三个五年规划纲要》(2016年)	加强重点用水单位监管,鼓励一水多用、优水优用、分质利用。建立水效标识制度,推广节水技术和产品。加快非常规水资源利用,实施雨洪资源利用、再生水利用等工程	符合
《国家能源局关于促进煤炭工业科学发展的指导意见》(国能煤炭〔2015〕37号)	有序发展低热值煤发电等资源综合利用项目,加大与煤共伴生资源和矿井水的利用力度,发展矿区循环经济	符合
《水污染防治行动计划》(2015年)	推进矿井水综合利用,煤炭矿区的补充用水、周边地区生产和生态用水应优先使用矿井水,加强洗煤废水循环利用	符合
《国家成熟适用节水技术推广目录(2019年)》	生活污水-厕所废水-雨水综合回用技术、智慧用水管理系统	

3.1.3.1　水污染防治行动计划

《水污染防治行动计划》中涉及工业用水、节水、排水的要求见表3-4。

表3-4　本项目与《水污染防治行动计划》中有关规定符合性一览

序号	《水污染防治行动计划》规定	项目情况	符合性
1	加强工业水循环利用。推进矿井水综合利用,煤炭矿区的补充用水、周边地区生产和生态用水应优先使用矿井水,加强洗煤废水循环利用	论证核定后,项目生活污水经处理达标后全部回用,自身矿井水经处理达标后最大化回用于生产生活,洗煤废水闭路循环不外排	符合

续表 3-4

序号	《水污染防治行动计划》规定	项目情况	符合性
2	新建、改建、扩建项目用水要达到行业先进水平,节水设施应与主体工程同时设计、同时施工、同时投运	论证核定后,项目原煤生产水耗 0.095 m^3/t,选煤水耗 0.027 m^3/t,均达到国际清洁生产先进水平	符合
3	抓好工业节水。开展节水诊断、水平衡测试、用水效率评估,严格用水定额管理	麻黄梁煤矿已开展水平衡分析测试工作,同时严格按照清洁生产标准与陕西省行业用水定额从事生产活动	符合
4	所有排污单位必须依法实现全面达标排放,达标企业应采取措施确保稳定达标	论证核定后,项目矿井水最大化回用后,剩余部分达标外排作为农灌及塌陷区治理生态用水	符合

3.1.3.2 产业结构调整指导目录(2019 年本)

《产业结构调整指导目录(2019 年本)》中涉及煤炭行业节水工艺和技术见表 3-5。

表 3-5 本项目与《产业结构调整指导目录(2019 年本)》节水工艺符合性一览

序号	《产业结构调整指导目录(2019 年本)》鼓励类	项目情况	符合性
1	地面沉陷区治理、矿井水资源保护与利用	本项目生产过程中坚持"预测预报、有疑必探、先探后掘、先治后采"的防治水原则;项目生产生活用水全部使用自身矿井水;制定沉陷区治理规划并逐步实施	符合

续表 3-5

序号	《产业结构调整指导目录(2019年本)》鼓励类	项目情况	符合性
2	重复用水技术应用	从整个煤矿分析,生活污水经处理后全部回用,矿井水经处理后用于生产生活,也是重复用水技术的应用	符合
3	发展煤炭生产节水工艺。推广煤炭采掘过程的有效保水措施,防止矿坑漏水或突水。开发和应用对围岩破坏小、水流失少的先进采掘工艺和设备。开发和应用动筛跳汰机等节水选煤设备。开发和应用干法选煤工艺和设备。研究开发大型先进的脱水和煤泥水处理设备	本项目生产过程中坚持"预测预报、有疑必探、先探后掘、先治后采"的防治水原则,选用的掘进设备均为目前主流成熟设备,选煤采用采用跳汰机分选工艺,煤泥水实现闭路循环不外排。同时采用条带式开采、矸石填充工艺,最大限度保护水资源	符合

3.1.3.3 煤炭工业节能减排工作意见

《煤炭工业节能减排工作意见》中涉及煤炭采选的节水工艺和技术见表3-6。

表3-6 本项目与《煤炭工业节能减排工作意见》中有关规定符合性一览

序号	《煤炭工业节能减排工作意见》规定	项目情况	符合性
1	提高对矿井水文地质规律的认识,充分做好矿井水的前期探测。矿井设计要考虑减少煤炭开采对地下水的破坏,积极采用保水开采的设计方案,要有切实可行的矿井水净化处理和利用方案	本项目原煤开采坚持"预测预报、有疑必探、先探后掘、先治后采"的防治水原则;矿井水处理达标后用于生产	符合

续表 3-6

序号	《煤炭工业节能减排工作意见》规定	项目情况	符合性
2	选煤厂补充用水必须首先采用处理后的矿井水或中水。洗煤用水应净化处理后循环复用，大中型选煤厂必须实现洗水一级闭路循环，洗选原煤清水耗应控制在 0.15 m^3/t 以内	论证合理分析后，洗煤厂补水使用经处理的矿井水与生活污水，洗煤厂煤泥水闭路循环不外排，洗煤水耗控制在 0.15 m^3/t 以内	符合
3	采用保水、节水开采措施，合理保护矿区水资源。矿井水必须进行净化处理和综合利用，矿区生产、生活必须优先采用处理后的矿井水；有外供条件的，当地行政管理部门应积极协调，支持矿井水的有效利用	矿井工作面采用条带式开采、矸石充填工艺，合理保护水资源；论证核定后，矿井水经处理达标后最大化回用于生产生活，生活污水经处理达标后全部回用	符合

3.1.3.4 国家成熟适用节水技术推广目录(2019 年)

《国家成熟适用节水技术推广目录(2019 年)》中涉及的工业节水工艺和技术见表 3-7。

表 3-7 本项目与《国家成熟适用节水技术推广目录(2019 年)》中有关规定符合性

序号	《国家成熟适用节水技术推广目录(2019 年)》	项目情况	符合性
1	生活污水-厕所废水-雨水综合回用技术：该技术基于生物接触氧化法改良而成，以固定床生物膜为主体，辅以配套处理单元，形成一套完整的技术流程	生活污水采用混凝沉淀+MBR 处理方法	符合

续表 3-7

序号	《国家成熟适用节水技术推广目录(2019年)》	项目情况	符合性
2	智慧用水管理系统：通过在用水管道上安装计量设备，对单位用水数据进行实时计量，通过数据网关存储并传输数据	在建智慧水务管理系统，主要用水系统及次级用水环节均计划安装水计量设施，主要用水系统用水数据实时计量上传	符合

3.2　用水过程和水量平衡分析

麻黄梁煤矿为已建煤矿，本次水量平衡分析依据已开展的《陕西榆神矿区麻黄梁煤矿及选煤厂项目水平衡测试分析报告书》，主要是对麻黄梁煤矿和选煤厂以及生活用水等开展用水量监测和复核，重点分析职工生活用水、选煤厂补水、井下降尘喷雾洒水、储煤场洒水、锅炉等多个用水环节的实际用水水量，给出麻黄梁煤矿实际水量平衡图表，开展现状用水水平评估，查找节水潜力及问题。

3.2.1　水平衡测试及现状用水水平分析

3.2.1.1　资料收集及整理

(1)收集麻黄梁煤矿项目立项核准、初设、环评等批复。

(2)收集麻黄梁煤矿项目的基础资料，包括建设规模、建设年限、工艺流程、主要生产装置、经济技术指标、项目占地及土地利用情况、工作制度及劳动定员等。

(3)收集用水工艺及用水设备的资料，掌握项目的取水情况、用水系统、耗水系统及退水情况。

①查清矿区矿井水情况，包括取水许可情况、实际供水能力、管线布置、水质情况等。统计矿井近年来矿井水的用水情况和逐月对应产量，收集近年水质监测报告。

②收集项目用水系统相关资料、计量水表配备情况资料，含水表型号、位置。麻黄梁煤矿主要包含三类用水：一是生产用水，包括选煤厂、

锅炉、井下洒水等生产系统的用水；二是生活用水，包括办公楼、职工宿舍、食堂等生活系统用水；三是其他用水，包括道路洒水、绿化用水等。

③主要调查排水、耗水系统设备和设施的技术参数，近年主要排水单元的排水量统计，并收集企业供排水管网图。收集矿井水、生活污水处理站废污水处理工艺的资料，退水去向资料；收集事故工况退水措施、应急预案等资料。

3.2.1.2 现场查勘

(1)查清麻黄梁煤矿生活及生产用水系统、用水工艺及用水设备的基础情况。

(2)在业主配合下，对麻黄梁煤矿井田、工业场地、污水处理站、外排水供水管道、沙河沟水库等处进行查勘，了解区域的地形地貌和布局情况，复核麻黄梁煤矿及选煤厂建设项目生产规模、生产工艺、主要生产设备情况、投产日期及各主要技术规范，包括水量、水质等技术数据和要求。

(3)根据水平衡测试工作需要，对麻黄梁煤矿采空区地下水、矿井水处理站出水等委托有资质的第三方机构进行采样和检测。

(4)现场核查麻黄梁煤矿水计量管理和器具配备情况，主要包括水表数量(一级、二级)、安装地点、完好率等，并提出整改意见。

3.2.1.3 水平衡测试方法

麻黄梁煤矿用水为非稳态，具有不稳定的特点，采用统计台账法综合分析确定水量比现场使用手持式超声波流量计测试数据准确。对煤矿有用水台账的用水环节进行统计分析。本次水平衡测试结合长系列资料，采用分析统计的测试方法确定。

生活系统用水量、矿井水排水量等采用2019—2021年台账，矿井水选用2021年实际值，其他用水、排水系统水量为现场测试结合现场调查综合分析所得。麻黄梁煤矿非采暖期与采暖期相比用水变化不大，本次水平衡测试采暖期用水是在非采暖期的基础上根据煤矿之前采暖期用水数据计算得出的。

3.2.1.4 水平衡测试单元与节点的选择

根据实际情况划分麻黄梁煤矿用水系统为二级体系，测试结果整理时，再归结到要求的二级水平衡。麻黄梁煤矿矿井水供水水源作为一级体系，厂区内各用水单元作为二级体系。

麻黄梁煤矿用水子系统包括生活用水系统、生产用水系统。用水单元包括食堂用水、职工宿舍用水、办公楼用水、洗衣房用水、浴室用水、锅炉房补水、绿化洒水、井下洒水、选煤厂补水、地面及道路洒水、储煤场及矸石场喷洒用水等，其中绿化洒水、地面及道路洒水、储煤场及矸石场喷洒用水均通过消防水池水鹤接水，麻黄梁煤矿水量平衡节点示意图见图 3-1。

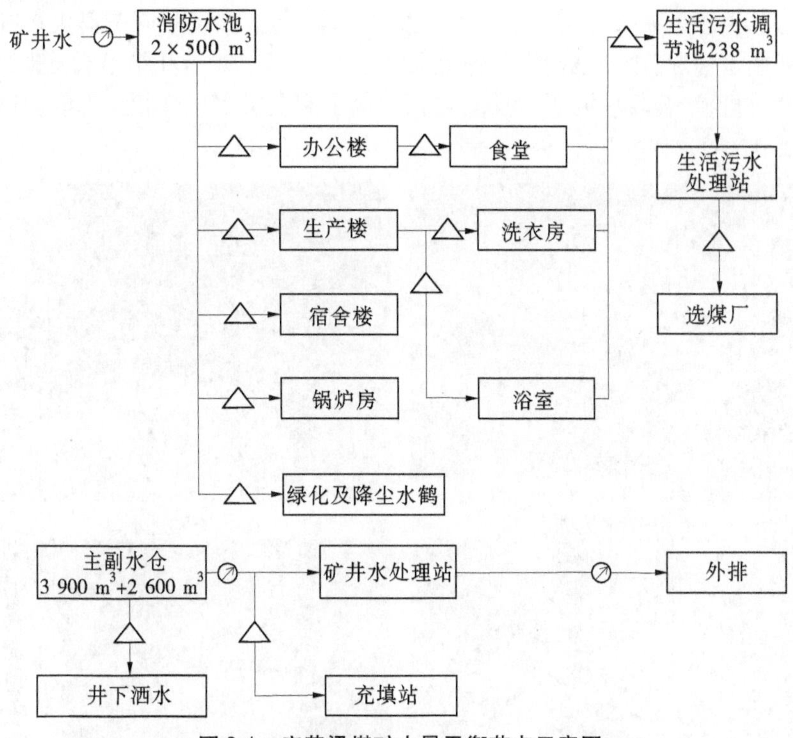

图 3-1　麻黄梁煤矿水量平衡节点示意图

3.2.1.5　水平衡测试计量仪表配备

(1)用水单位水计量表，要求配备率、合格率、检测率达到 100%。

(2)水表的精确度不应低于±2.5%。

(3)用辅助方法测量时，要选取负荷稳定的用水工况进行测量，其数据不少于 5 次测量值，取其平均值。

（4）本次试验仪器配备为：①手持式超声波流量计。生产厂家为大连道盛仪器发展有限公司，型号 TUF－2000H。②温度计、秒表、皮尺、电导率仪等。

3.2.1.6　**测试过程**

本次水平衡测试组织工作人员于 2021 年 7 月 12～16 日对麻黄梁煤矿生产用水和生活用水进行调研测试，收集各用水单元的用水台账资料，统计分析各用水单元之间的平衡关系。

由于煤矿部分用水单元为间歇性用水，为合理反映麻黄梁煤矿现状用水情况，论证根据煤矿各用水单元特点，通过对近几年用水台账统计分析，结合现场调研（见图 3-2），完成了麻黄梁煤矿现状水平衡测试工作。

(a)消防水池进水口

(b)填充站进水口

(c)生活污水进水口

(d)井下上水管

图 3-2　麻黄梁煤矿水平衡测试现场

3.2.1.7　水平衡测试结果

麻黄梁煤矿供暖时间为每年 10 月 15 日至次年 4 月 15 日,共 182 d,其余时间为非采暖季(183 d)。

经对麻黄梁煤矿整体水平衡进行分析,现状麻黄梁煤矿地测部门观察的矿井水量为 3 200 m^3/d(2021 年 1~5 月麻黄梁煤矿正产生产工况平均矿井水水量),各系统采暖季用新水量为 1 886 m^3/d,非采暖季用新水量为 2 088 m^3/d,均为矿井水。

现状麻黄梁煤矿外排高位水池水量采暖季为 1 244 m^3/d,非采暖季为 1 047 m^3/d,外排水为矿井水,生活污水全部回用不外排。

麻黄梁煤矿水量平衡统计见表 3-8、表 3-9,水量平衡见图 3-3 和图 3-4。

表 3-8　麻黄梁煤矿现状非采暖季水量平衡统计　单位:m^3/d

序号	用水项目	用新水量	回用水量	用水量(含回用水)	耗水量	排水量	备注
1	洗浴用水	75	0	75	4	71	至生活污水处理站
2	洗衣房用水	22	0	22	2	20	
3	宿舍楼用水	32	0	32	2	30	
4	办公楼用水	20	0	20	1	19	
5	食堂用水	20	0	20	3	17	
6	锅炉房补水	15	0	15	13	2	
8	井下生产用水	692	0	692	692	0	—
11	储煤场、矸石场降尘洒水	202	0	202	202	0	—
12	选煤厂补水	0	151	151	151	0	—
13	绿化及道路降尘	210	0	210	210	0	—
14	充填站用水	800	0	800	800	0	
合计		2 088	151	2 239	2 080	159	

注:根据《企业水平衡测试通则》(GB/T 12452—2008):1. 用水量是指在确定的用水单元或系统内,使用的各种水量的总和,即新水量和重复利用水量之和。2. 新水量是指企业内用水单元或系统取自任何水源被该企业第一次利用的水量。3. 重复利用水量为循环用水量与回用水量之和。4. 回用水量是指企业产生的排水,直接或经处理后再利用于某一用水单元或系统的水量。5. 耗水量是指在确定的用水单元或系统内,生产过程中进入产品、蒸发、飞溅、携带及生活饮用等所消耗的水量。6. 排水量是指对于确定的用水单元或系统,完成生产过程和生产活动之后排出企业之外以及排出该单元进入污水系统的水量。

非采暖季用水量为 2 153 m^3/d,其中矿井水用新水量 2 088 m^3/d,矿井水处理损失 65 m^3/d;外排高位水池水量为 1 047 m^3/d,均为处理后的矿井水。

表 3-9 麻黄梁煤矿现状采暖季水量平衡统计 单位:m^3/d

序号	用水项目	用新水量	回用水量	用水量(含回用水)	耗水量	排水量	备注
1	洗浴用水	75	0	75	4	71	至生活污水处理站
2	洗衣房用水	22	0	22	2	20	
3	宿舍楼用水	32	0	32	2	30	
4	办公楼用水	20	0	20	1	19	
5	食堂用水	20	0	20	3	17	
6	锅炉房补水	100	0	100	80	20	
8	井下生产用水	692	0	692	692	0	—
11	储煤场、矸石场降尘洒水	67	0	67	67	0	—
12	选煤厂补水	0	151	151	151	0	—
13	绿化及道路降尘	58	17	75	75	0	—
14	充填站用水	800	0	800	800	0	
合计		1 886	168	2 054	1 877	177	

采暖季用新水量为 1 956 m^3/d,其中矿井水用新水量 1 886 m^3/d,矿井水处理损失 70 m^3/d;外排高位水池水量为 1 244 m^3/d,均为处理后的矿井水。

3.2.2 各用水环节用水量分析

论证根据现状用水数据,比照国家及行业有关标准规范要求、先进用水工艺、节水措施及用水指标，对项目各系统的用、耗、排水量进行分析。

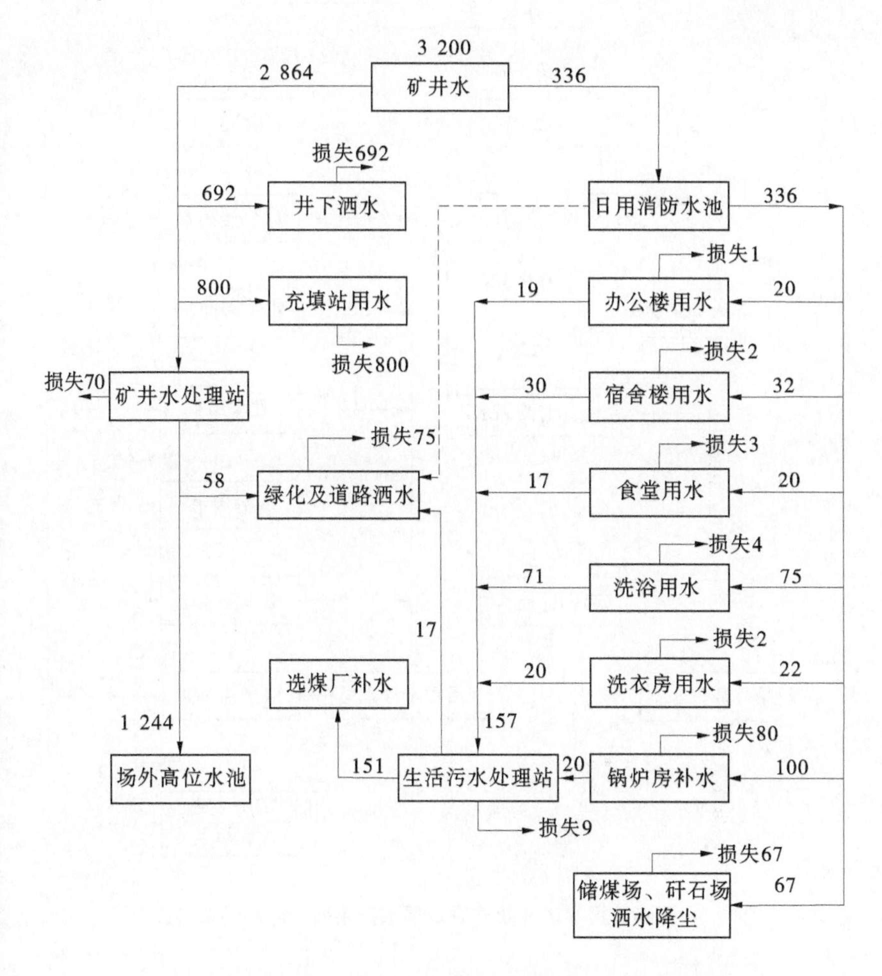

图 3-3　麻黄梁煤矿现状采暖季水量平衡　（单位：m^3/d）

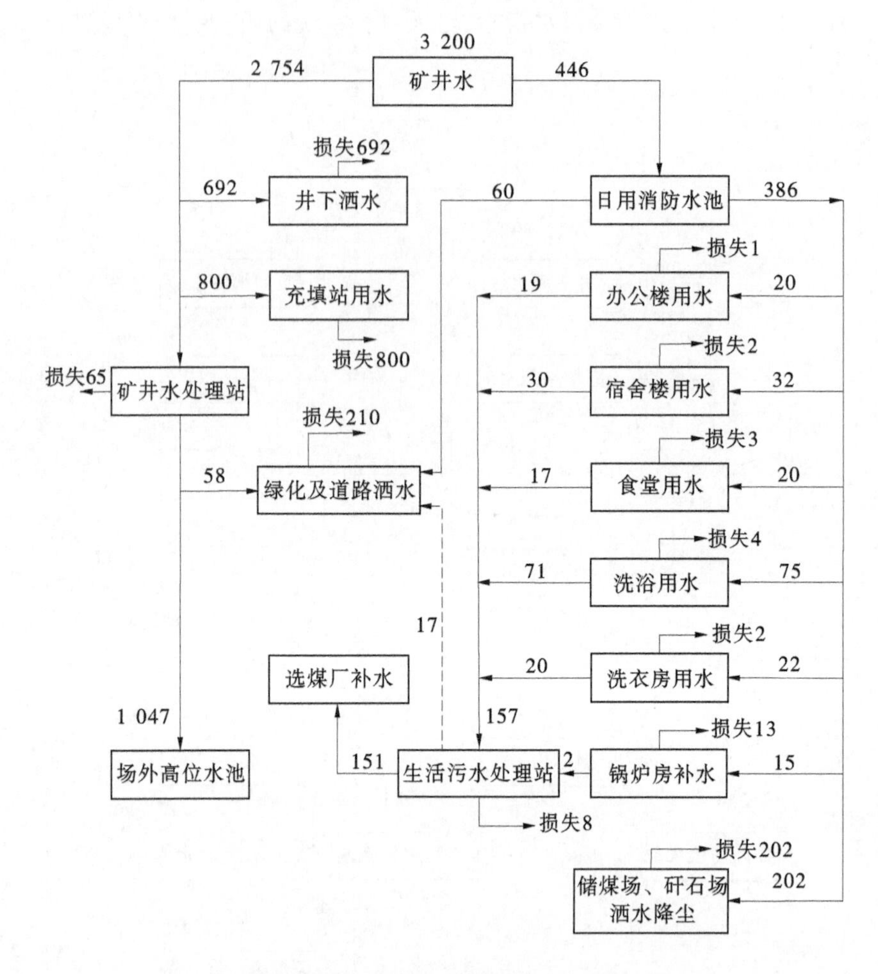

图 3-4 麻黄梁煤矿现状非采暖季水量平衡 （单位：m^3/d）

3.2.2.1 生活用水系统

生活用水包括办公楼用水、职工宿舍用水、食堂用水、洗衣房用水、洗浴用水、锅炉房补水等。

1. 办公楼用水

本项目生活用水包括工业场地办公楼、机修队、生产调度楼、各生产车间用水和工人饮用水、外包施工队的生活水。

办公楼及机修队、生产调度楼、各生产车间生活用水主要是管理人员、工人和服务人员的冲厕、洗手、拖地等。麻黄梁煤矿行政楼见图 3-5。

图 3-5　麻黄梁煤矿行政楼

经统计，本项目职工生活用水人数约为 600 人(在籍 470 人、外包施工队 130 人)，用水量为 20 m^3/d，反推其用水指标为 32 L/(人 · d)，符合《煤炭工业矿井设计规范》(GB 50215—2015) 中"职工日常生活用水为 30~50 L/(人 · 班)"的要求。

2. 职工宿舍用水

麻黄梁煤矿职工宿舍主要为家庭较远职工提供便利，约有 310 人居住，宿舍 140 间，二层以上有公共卫生间，宿舍用水约为 32.0 m^3/d，论证反推其用水指标为 103 L/(人 · d)，符合《建筑给水排水设计标准》(GB 50015—2019) 规定的"设公用盥洗卫生间平均日用水定额 90~120 L/(人 · d)"要求。宿舍楼实景见图 3-6。

图 3-6　宿舍楼实景

3. 食堂用水

食堂用餐人数约 600 人,用水量为 20 m^3/d,反推用水指标为 16 L/(人 · 餐)(按两餐计),优于《煤炭工业矿井设计规范》(GB 50215—2015)"食堂生活用水为 20~25 L/(人 · 餐),日用水量按日出勤总人数、每人每天两餐计算"的要求。职工食堂实景见图 3-7。

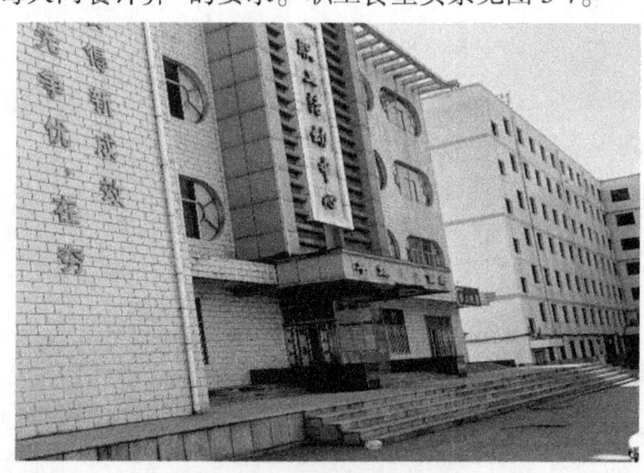

图 3-7　职工食堂实景

4. 洗衣房用水

为方便职工清洗工作服，工业场地设有洗衣房1间，安装有2台洗衣机（HHXT型），每天用水量约为22 m^3/d。

麻黄梁煤矿下井工人为200人（按下井工人四班三运转计算每天实际下井人数为150人），地面工作人员约400人。根据《煤炭工业给水排水设计规范》（GB 50810—2012）“矿井洗衣用水80 L/kg干衣，生产人员可按1.5 kg/（人·天干衣）计；矿井地面及选煤厂工作人员可按1.2～1.5 kg/（人·天干衣），每人每周洗2次计”的规定，论证结合项目实际，洗衣用水指标按80 L/kg干衣，1.5 kg/（人·天干衣）计，经计算，洗衣房用水31 m^3/d，高于现状用水量，论证认为洗衣用水合理。洗衣房实景见图3-8。

图3-8　洗衣房实景

5. 洗浴用水

经调研，麻黄梁煤矿浴室共有喷头60个，洗脸盆8个。经分析统计数据，洗浴每日用水量约为75 m^3/d。《煤炭工业给水排水设计规范》（GB 50810—2012）规定：淋浴器水量540 L/（只·h），每班1 h；池浴用水深度按0.7 m考虑，每日充水3～4次；洗脸盆水量为80 L/（只·h），每班1 h。根据规范计算可知，淋浴器用水量为97 m^3/d，洗脸盆用水量为2 m^3/d，则洗浴总用水量定额为97 m^3/d，则本项目洗浴用水量优于《煤炭工业给水排水设计规范》（GB 50810—2012）指标。

6. 锅炉房补水

锅炉房现安装 2 台 WNS10-1. 25-Y. Q 型(10 t/h)燃气蒸汽锅炉和 1 台 WN56-1. 25-Y. Q 型(6 t/h)蒸汽锅炉,主要担负浴室热源和冬季办公区、职工宿舍、职工食堂等采暖任务。夏季 1 台 WN56-1. 25-Y. Q 型(6 t/h)型蒸汽锅炉运行,冬季 1 台 WNS10-1. 25-Y. Q 型(10 t/h)蒸汽锅炉运行。采暖期天数为 197 d(10 月中旬至次年 4 月,全天 24 h 运行),非采暖期为 168 d(4 月至 10 月中旬,每天运行 3 h)。锅炉房实景见图 3-9。

图 3-9　锅炉房实景

根据现场调查,麻黄梁煤矿非采暖期锅炉补水约 15 m^3/d,排污约 2 m^3/d;采暖期锅炉补水 100 m^3/d,排污约 20 m^3/d。

麻黄梁煤矿为燃气蒸汽锅炉,锅炉房耗水主要为软水器排污、热力管网损耗及锅炉排污,逐个分析如下:

(1)软水器排污:为降低水中钙、镁盐类物质的含量,防止锅炉产生水垢,延长使用寿命,锅炉房设有自动软化水处理设备 2 套,软水得水率约 85%。

(2)管网损耗:按照《煤炭工业给水排水设计规范》(GB 50810—2012)“采暖蒸汽锅炉补水按蒸发量的 20%~40%计”的规定,10 t/h 蒸汽锅炉,每小时补充水量为 2~4 t,因此本项目采暖期蒸汽管网补水理论上应为 48~95 m^3,非采暖期理论上应为 5~8 m^3。

(3)排污量:按照《锅炉房设计规范》(GB 50041—2008)“锅炉蒸汽压力小于或等于 2.5 MPa(表压)时,排污率不宜大于 10%”的规定,本次锅炉排污取 5%。

因此,锅炉房理论补水量见表 3-10。本项目锅炉补水量基本符合理论计算值,用水合理;按排污率 10%计算,非采暖期锅炉排污约为 2 m^3/d,本项目在该值上限,应进一步加强锅炉用水的精细化管理。

表 3-10　锅炉房水量　单位:m^3/d

序号	用水单元	采暖期			非采暖期		
		补水量	损耗量	排水量	补水量	损耗量	排水量
1	全自动软水器	71~144	—	11~22	6~10	—	1~2
2	蒸汽管网	—	48~95	—	0	5~8	0
3	锅炉排污	—	—	2~5	—	—	—
合计		71~144	48~95	13~27	6~10	5~8	1~2

3.2.2.2　生产用水系统

生产系统用水主要包括井下洒水、选煤厂补水、储煤场及矸石场洒水降尘等。

1. 井下洒水

麻黄梁煤矿井下洒水采取就近取水,分散使用,不升井,无法准确计量。据地测部门统计,2021 年 1~5 月本项目矿井水平均约 3 200 m^3/d,本次水平衡测试期间统计非采暖季矿井地面总用水量 1 461 m^3/d(其中进入日用水消防池约 446 m^3/d、填充站用水量 800 m^3/d、绿化及道路用水量 150 m^3/d、损失 65 m^3/d),进入矿井水处理站处理后外排水量约为 1 047 m^3/d(2021 年 5 月外排水量在线流量监测数据平均值),反推井下用水量约 692 m^3/d。

2. 选煤厂补水

麻黄梁选煤厂设计规模为 2.4 Mt/a,原煤全部入选,入洗 30 mm 以上粒级块煤,筛下-30 mm 的混煤直接作为产品煤。动筛的透筛物经筛分机脱水后,粗煤泥由斗提机进行回收,细煤泥由隔膜压滤机进行回收,脱水回收的粗细煤泥再掺入-30 mm 的末原煤中,进入末煤仓储存装车销售。

麻黄梁选煤厂入洗原煤达到稳定能力的 75%以上,日入选原煤约 5 500 t/d,生产补水 151 m^3/d。

3. 储煤场及矸石场洒水降尘

麻黄梁煤矿建有储煤场及矸石场各 1 个,均为封闭型。经现场调研,矸石场设有 1 个射雾器,储煤场设有 6 个射雾器,用水量 40 L/(min · 个),夏季每天运行约 12 h,冬季每天运行约 4 h。经计算,储煤场及矸石场洒水降尘夏季用水量 202 m^3/d,冬季估算 67 m^3/d。

3.2.2.3 其他用水系统

1. 绿化及道路降尘洒水

本项目厂区道路及绿化洒水主要使用矿井水处理站出水。目前麻黄梁煤矿拥有 1 辆 15 t 的洒水车,根据现场调研情况,非采暖季洒水车每日洒 10 车,总洒水量约 150 m^3/d;采暖季每日洒 5 车,总洒水量约 75 m^3/d。同时,部分绿化非采暖季通过绿化管路进行浇洒,用水量约 60 m^3/d。洒水车及绿化实景见图 3-10。

图 3-10　洒水车及绿化实景

麻黄梁煤矿工业场地广场道路面积约 34 000 m^2,厂区内部及周边绿化面积约 150 000 m^2。论证反推其采暖季和非采暖季用水指标分别约为 1.36 L/(m^2·d)(综合)和 2.2 L/(m^2·d)(道路),符合《煤炭工业给水排水设计规范》(GB 50810—2012)“浇洒道路用水量可采用 2.0~3.0 L/(m^2·d)计算”和“绿化用水量可采用 1.0~3.0 L/(m^2·d)计算”的要求。

2. 充填站补水

麻黄梁煤矿建(构)筑物压煤量较大,开采条件具有煤层厚、埋深浅、基岩薄、地表开采沉陷变形控制要求高的特点,受护区内大部分为Ⅲ类建筑,少部分为Ⅱ类建筑,按照国家政策可以实施不搬迁开采,采用建筑物不搬迁条带膏体充填开采,解放建筑物压煤资源,实现煤矿煤柱回收,提高回采率,保护采空区稳定,减少地质灾害及保护当地水源。“膏体充填”指的是把矸石、粉煤灰、风积沙或黄土等物料加工制作成“无临界流速、不需脱水”的膏状浆体,通过充填泵和重力作用,经管道输送到井下,适时充填采空区,待充填体凝固达到最终强度、支撑顶板的条件下,将煤柱回收,之后再对煤柱所占的空间进行充填,实现全面积充填。

根据现场调研,麻黄梁煤矿充填站配制 1 m^3 膏体需要 0.4 m^3 水,月均充填膏体量为 6 万 m^3,平均每天充填用水约 800 m^3。麻黄梁煤矿目前已进入开采后期,后期主要以充填开采为主,随着充填开采的开采面逐步扩大,预计月均充填膏体量能够达到 9 万 m^3,平均每天充填用水约 1 200 m^3。充填站实景见图 3-11。

3.2.3　损耗水量分析

依据《煤炭工业给水排水设计规范》(GB 50810—2012),论证将绿化及道路洒水、储煤仓及矸石场洒水、选煤厂生产补水、井下生产用水等环节耗水率定为 100%;根据生活污水处理站收水情况,将食堂用水的损耗率定为 15%,办公楼用水、职工宿舍用水、洗浴用水及洗衣房用水耗水率定为 5%;将矿井水处理站、生活污水处理站处理损耗率定为 5%。

图 3-11　充填站实景

综上所述,麻黄梁煤矿采暖季损耗水量 1 956 m³/d,非采暖季损耗水量 2 153 m³/d,各用水单元损耗水量所占比例见表 3-11。

表 3-11　麻黄梁煤矿损耗水量结构　　单位:m³/d

序号	用水项目	采暖季	非采暖季
		损耗水量	损耗水量
1	办公楼用水	1	1
2	宿舍楼用水	2	2
3	洗衣房用水	2	2
4	洗浴用水	4	4
5	食堂用水	3	3
6	锅炉补水	80	13
7	井下生产洒水	692	692
8	储煤场、矸石场降尘	67	202
9	充填站	800	800
10	选煤厂补水	151	151
11	道路及绿化洒水	75	210
12	生活污水处理站	9	8
13	矿井水处理站	70	65
合计		1 956	2 153

3.2.4 排放水量分析

麻黄梁煤矿各用水单元采暖季排水量为177 m³/d,非采暖季排水量159 m³/d,排水比例见表3-12。

表3-12 麻黄梁煤矿各用水系统排放水量结构 单位:m³/d

序号	用水项目	采暖季		非采暖季	
		用水量	排水量	用水量	排水量
1	办公楼用水	20	19	20	19
2	宿舍楼用水	32	30	32	30
3	洗衣房用水	22	20	22	20
4	洗浴用水	75	71	75	71
5	食堂用水	20	17	20	17
6	锅炉房补水	100	20	15	2
7	井下生产洒水	692	0	692	0
8	储煤场、矸石场降尘	67	0	202	0
9	充填站用水	800	0	800	0
10	选煤厂补水	151	0	151	0
11	道路及绿化洒水	75	0	210	0
合计		2 054	177	2 239	159

麻黄梁煤矿外排至场外高位水池水量采暖季为1 047 m³/d,非采暖季为1 244 m³/d,均为矿井水。

3.3 现状用水水平分析

3.3.1 指标选取及计算公式

根据《清洁生产标准 煤炭采选业》(HJ 446—2008)、《节水型企业评价导则》(GB/T 7119—2018)、《企业水平衡测试通则》(GB/T 12452—2008)、《企业用水统计通则》(GB/T 26719—2011)、《用水指标评价导则》(SL/Z 552—2012)、陕西省地方标准《行业用水定额》(GB 61/T 943—2020)等规定,本书选取原煤生产水耗、选煤补水量、采煤用水指标、选煤用水指标、企业人均生活用水指标等5个主要用水指标。计算公式见表3-13。

表3-13　麻黄梁煤矿用水水平评价指标及公式一览

序号	评价指标	计算公式	参数概念
1	原煤生产水耗	$S_S = \frac{h}{R}$	S_S—原煤生产水耗,m^3/t;h—年原煤生产耗水量,m^3;R—年原煤产量,t;煤生产水耗不包括生产办公区、生活区等用水
2	选煤补水量	$S_b = \frac{B}{M}$	S_b—选煤补水量,m^3/t;B—年选原煤补水量,m^3;M—年入选原煤量,t
3	采煤用水指标	$V_{ui} = \frac{V_i}{Q}$	V_{ui}—采煤取水量,m^3/t;V_i—年取水量,m^3;Q—年原煤产量,t
4	选煤用水指标	$V_{ui} = \frac{V_i}{Q}$	V_{ui}—单位产品取水量,m^3/t;V_i—年取水量,m^3;Q—年原煤产量,t
5	企业人均生活用水指标	$V_{1f} = \frac{V_{y1f}}{n}$	V_{lf}—职工人均生活日新水量,$m^3/(人·d)$;V_{y1f}—全矿生活日用新水量,m^3;n—全矿职工总人数,人

3.3.2　指标计算基本参数

麻黄梁煤矿现状用水各指标计算参数见表3-14。

表3-14　用水水平指标计算基本参数

序号	基本参数名称	本次现场水平衡测试
1	用新水量/(m^3/d)	采暖季1 886　非采暖季2 088
2	矿井水产生量/(m^3/d)	3 200
3	矿井水利用量/(m^3/d)	采暖季1 886　非采暖季2 088
4	原煤生产耗水量/(m^3/d)	692
5	选煤厂补水量/(m^3/d)	151
6	采煤总取新水量/(m^3/d)	采暖季1 726　非采暖季1 928
7	选煤总取新水量/(m^3/d)	151+169/600×30=160
8	生活用水量/(m^3/d)	169
9	原煤产品总量/万t	240
10	计算天数/d	365
11	日产原煤量/原煤入洗量/(t/d)	7 272.7/5 500
12	出勤人数/人	600

(1)原煤生产水耗=原煤生产耗水量/日产原煤量=692÷7 272.7=0.095(m^3/t);

(2)选煤补水量=选煤厂补水量/入洗日产煤量=151÷5 500=0.027(m^3/t);

(3)采煤用水指标=采煤总取新水量/日产原煤量=(1 726+1 928-800×2)÷7 272.7÷2=0.141(m^3/t);

(4)选煤用水指标=选煤总取新水量/日产原煤量=160÷5 500=0.029(m^3/t);

(5)人均生活用水量=生活用水量/出勤人数=169÷600=0.281[m^3/(人·d)]。

3.3.3 指标比较与用水水平分析

论证根据《清洁生产标准 煤炭采选业》(HJ 446—2008)和及《工业用水定额:选煤》(水节约〔2019〕373 号)及陕西省地方标准《行业用水定额》(GB 61/T 943—2020),对麻黄梁煤矿现状用水水平进行分析,见表 3-15。

表 3-15 主要用水指标对比分析

序号	指标	单位	本次水平衡测试	标准要求
1	原煤生产水耗	m^3/t	0.095	清洁生产标准一级标准 0.1
2	选煤补水量	m^3/t	0.027	清洁生产标准 一级标准 0.1
3	采煤用水指标	m^3/t	0.141	陕西省行业用水定额先进值:0.2
4	选煤用水指标	m^3/t	0.029	陕西省行业用水定额先进值:0.06 工业用水定额:选煤 动力煤选煤厂先进值:0.06
5	企业人均生活用水指标	$m^3/(人 \cdot d)$	0.281	—

从表 3-15 可知:

(1)现状原煤生产水耗为 0.095 m^3/t,优于《清洁生产标准 煤炭采选业》(HJ 446—2008)中原煤生产水耗(不含选煤厂)一级标准 0.1 m^3/t,属于国际清洁生产先进水平。

现状选煤补水量为 0.027 m^3/t,优于《清洁生产标准 煤炭采选业》(HJ 446—2008)中选煤补水量一级标准 0.1 m^3/t,为国际清洁生产先进水平。

(2)现状采煤用水指标为 0.141 m^3/t,优于陕西省《行业用水定额》(DB 61/T 943—2020)中井工煤炭开采先进值定额 0.2 m^3/t;现状选煤用水指标为 0.029 m^3/t,优于陕西省《行业用水定额》(DB 61/T

943—2020)中洗选煤用水定额先进值0.06 m^3/t,优于《工业用水定额:选煤》(水节约〔2019〕373号)动力煤选煤厂先进值0.06 m^3/t。

(3)现状麻黄梁煤矿总出勤人数约为600人,根据出勤人数计算得到麻黄梁煤矿生活用水量为0.281 m^3/(人·d);因陕西省《行业用水定额》(DB 61/T 943—2020)中生活用水定额指居民家庭日常生活用水水平,与本项目高温高粉尘环境下人均生活用水情况不同,周边彬长矿区的企业人均生活用水指标在0.246~0.310 m^3/(人·d),本项目人均生活用水指标在该区间之内。

3.3.4 节水潜力分析

通过开展本次水平衡测试及调查工作,在与业主充分沟通后,麻黄梁煤矿节水减污潜力分析如下:

(1)麻黄梁煤矿现安装水计量表4块,水计量设施有待完善,且计量设施未进行校准,部分仪表无法反映真实用水量数据。本次论证工作的开展对麻黄梁煤矿供排水路线及应安装水计量设施的用水环节进行了梳理,业主单位已积极联系智慧水务设计单位,全面启动全矿的智慧水务建设工作。

(2)现状有锅炉排污水量偏大,下一步应加强锅炉用水的精细化管理。

(3)通过开展本次水平衡测试,对麻黄梁煤矿现状用水水平进行核定后认为,项目现状用水较为规范。麻黄梁煤矿缺乏专门的水务管理部门,在本书第9章做进一步要求,以加强用水管理,进一步提高用水水平。

3.3.5 节潜分析后的用水水平分析

对麻黄梁煤矿现状用水水平进行核定后认为,项目现状用水较为规范,各指标均处于清洁生产及行业标准先进水平。

说明:由于考虑到麻黄梁煤矿处于开采后期,开采方式主要以充填开采为主,随着充填开采开采面的逐步扩大,矿方预计月均充填膏体量能够达到9万m^3,因此充填站平均用水量核增至1 200 m^3/d。

论证合理分析后的各环节用水量比较见表3-16,主要用水指标对比分析见表3-17。

表3-16 现状与节水潜力分析后各环节耗水量比较 单位:m^3/d

序号	用水单元	现状耗水量	合理性分析后耗水量
1	办公楼用水	1	1
2	宿舍楼用水	2	2
3	洗衣用水	2	2
4	洗浴用水	4	4
5	食堂用水	3	3
6	锅炉补水	80(13)	80(13)
7	井下生产洒水	692	692
8	储煤场、矸石场降尘	67(202)	67(202)
9	充填站用水	800	1 200
10	选煤厂补水	151	151
11	道路及绿化洒水	75(210)	75(210)
12	生活污水处理站	9(8)	9(8)
13	矿井水处理站	70(65)	70(65)
合计		1 956(2 153)	2 356(2 553)

注:()内为非采暖期水量。

表3-17 合理性分析后用水水平指标计算基本参数

序号	基本参数名称	节水潜力分析后
1	用新水量/(m^3/d)	采暖季2 286 非采暖季2 488
2	矿井水产生量/(m^3/d)	3 700
3	矿井水利用量/(m^3/d)	采暖季2 286 非采暖季2 488
4	原煤生产耗水量/(m^3/d)	692

续表 3-17

序号	基本参数名称	节水潜力分析后
5	选煤厂补水量/(m^3/d)	151
6	采煤总取新水量/(m^3/d)	采暖季 2 126　非采暖季 2 328
7	选煤总取新水量/(m^3/d)	151+169/600×30=160
8	生活用水量/(m^3/d)	169
9	原煤产品总量/万 t	240
10	计算天数/d	330
11	日产原煤量/原煤入洗量/(t/d)	7 272.7/5 500
12	出勤人数/人	600

(1)原煤生产水耗=原煤生产耗水量/原煤产量=692÷7 272.7=0.095(m^3/t);

(2)选煤补水量=选煤厂补水量/原煤入洗煤量=151÷5 500=0.027(m^3/t);

(3)采煤用水指标=采煤总取新水量/日产原煤量=(2 126+2 328-1 200×2)÷7 272.7÷2=0.141(m^3/t);

(4)选煤用水指标=选煤总取新水量/日产原煤量=160÷5 500=0.029(m^3/t);

(5)人均生活用水量=生活总用水量/出勤人数=169÷600=0.281[m^3/(人·d)]。

综上所述,合理性分析后,原煤生产及选煤水耗均达到《清洁生产标准 煤矿采选业》(HJ 446—2008)一级标准,属国际清洁生产先进水平,选煤用水水平为水利部先进值,生活污水处理后全部回用,矿井水最大化回用,各用水指标与现状一致。

(1)原煤生产水耗为 0.095 m^3/t,优于《清洁生产标准 煤炭采选业》(HJ 446—2008)中原煤生产水耗(不含选煤厂)一级标准 0.1 m^3/t,属于国际清洁生产先进水平。

选煤补水量为 0.027 m^3/t,优于《清洁生产标准 煤炭采选业》(HJ

446—2008)中选煤补水量一级标准 0.1 m^3/t,为国际清洁生产先进水平。

(2)采煤用水指标为 0.141 m^3/t,优于陕西省《行业用水定额》(DB 61/T 943—2020)中井工煤炭开采先进值定额 0.20 m^3/t;选煤用水指标为 0.029 m^3/t,优于陕西省《行业用水定额》(DB 61/T 943—2020)中洗选煤用水定额先进值 0.06 m^3/t 以及《工业用水定额:选煤》(水节约〔2019〕373 号)动力煤选煤厂先进值 0.06 m^3/t。

(3)本项目人均生活用水定额仍为 0.281 m^3/人,周边彬长矿区的企业人均生活用水指标在 0.246~0.310 m^3/人,本项目人均生活用水指标在该区间之内。

3.4　达产条件下合理取、用、排水量分析

3.4.1　合理用水量

经论证合理分析后,麻黄梁煤矿达产情况下各系统采暖季总用水量为 2 286 m^3/d、非采暖季总用水量为 2 488 m^3/d,外排高位水池水量采暖季为 1 344 m^3/d、非采暖季为 1 147 m^3/d,全部为处理达标后的矿井水。生活污水部分回用自身生产。

合理分析后的水量平衡见表 3-18、表 3-19 和图 3-12、图 3-13。

表 3-18　合理分析后采暖季水量平衡　　单位:m^3/d

序号	用水项目	用新水量	回用水量	用水量(含回用水)	耗水量	排水量	备注
1	洗浴用水	75	0	75	4	71	至生活污水处理站
2	洗衣房用水	22	0	22	2	20	
3	宿舍楼用水	32	0	32	2	30	
4	办公楼用水	20	0	20	1	19	
5	食堂用水	20	0	20	3	17	
6	锅炉房用水	100	0	100	80	20	

续表 3-18

序号	用水项目	用新水量	回用水量	用水量（含回用水）	耗水量	排水量	备注
7	井下生产用水	692	0	692	692	0	
8	储煤场、矸石场降尘洒水	67	0	67	67	0	—
9	选煤厂补水	0	151	151	151	0	—
10	绿化及道路降尘	58	17	75	75	0	—
11	充填站用水	1 200	0	1 200	1 200	0	
合计		2 286	168	2 454	2 277	177	

采暖季取新水量为2 356 m^3/d，其中矿井水用水量2 286 m^3/d，矿井水处理损失70 m^3/d；外排高位水池水量为1 344 m^3/d，均为处理后的矿井水。

表 3-19　合理分析后非采暖季水量平衡　　单位：m^3/d

序号	用水项目	用新水量	回用水量	用水量（含回用水）	耗水量	排水量	备注
1	洗浴用水	75	0	75	4	71	至生活污水处理站
2	洗衣房用水	22	0	22	2	20	
3	宿舍楼用水	32	0	32	2	30	
4	办公楼用水	20	0	20	1	19	
5	食堂用水	20	0	20	3	17	
6	锅炉房用水	15	0	15	13	2	
7	井下生产用水	692	0	692	692	0	—
8	储煤场、矸石场降尘洒水	202	0	202	202	0	—
9	选煤厂补水	0	151	151	151	0	—
10	绿化及道路降尘	210	0	210	210	0	—
11	充填站用水	1 200	0	1 200	1 200	0	
合计		2 488	151	2 639	2 480	159	

非采暖季取新水量为 2 558 m³/d，其中矿井水用水量 2 488 m³/d，矿井水处理损失 70 m³/d；外排高位水池水量为 1 147 m³/d，均为处理后的矿井水。

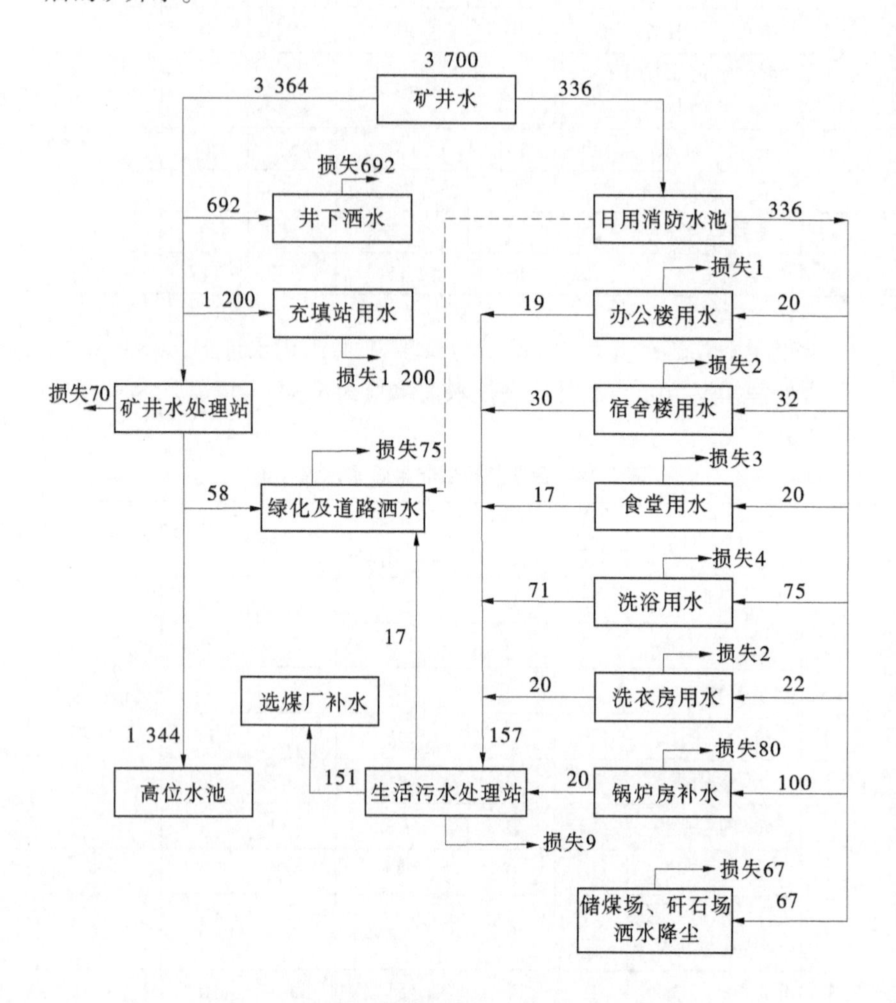

图 3-12　合理分析后采暖季水量平衡　（单位：m³/d）

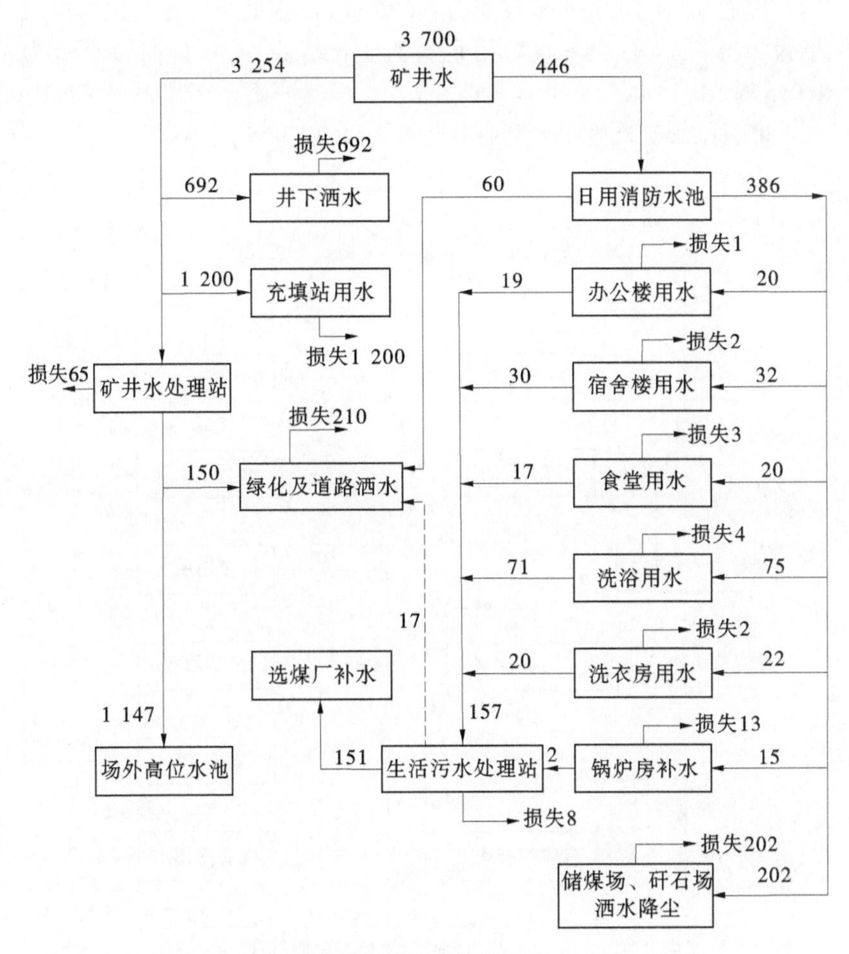

图3-13　合理分析后非采暖季水量平衡　（单位：m^3/d）

3.4.2　检修期用水量

为保证矿井生产安全，麻黄梁煤矿每月需全矿停产检修，一般停产检修时间为2 d，另外还有不定时的单个系统停产检修，全年停产期按35 d计。矿井停产检修时，生活系统正常供水，生产系统的井下洒水、选煤厂等均不用水，为核算检修时最大排水量。经论证分析，检修期使用处理达标后的矿井水采暖季为 1 536 m^3/d,采暖季外排高位水池水量为 2 059 m^3/d;非采暖季用水量为 1 655 m^3/d,外排高位水池为 1 955 m^3/d。

麻黄梁煤矿检修期水量平衡见图 3-14、图 3-15。

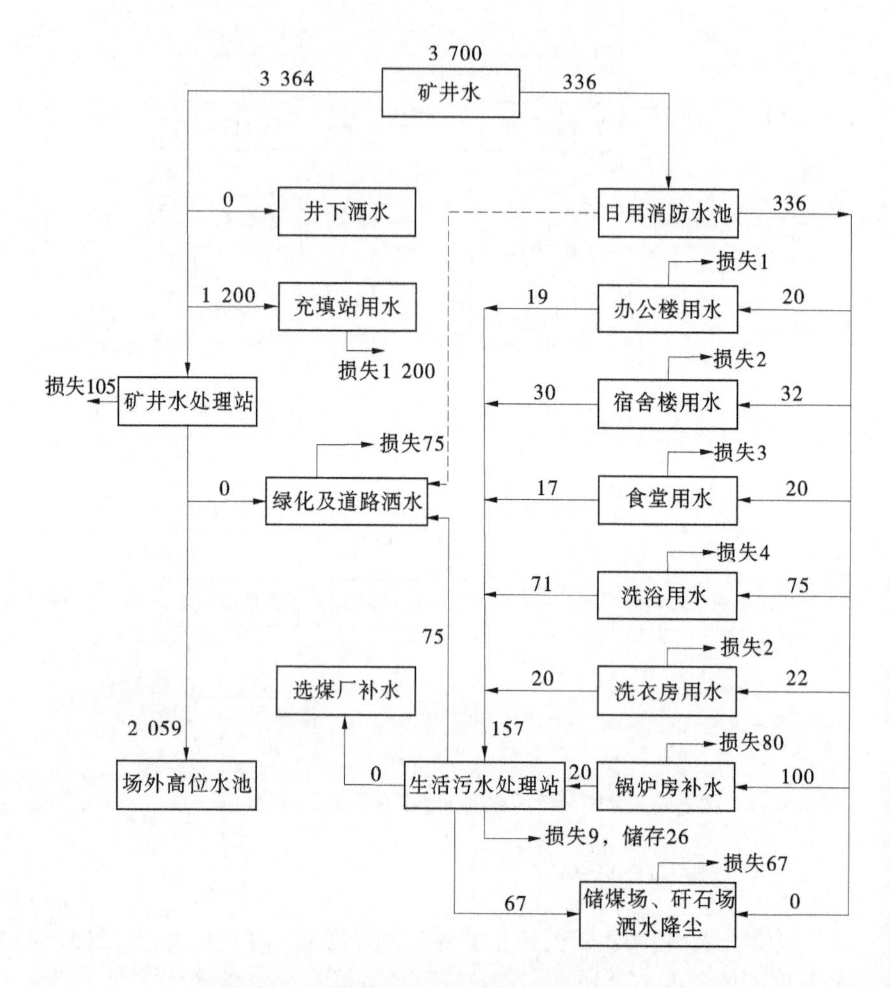

图 3-14 检修期采暖季水量平衡 （单位:m^3/d）

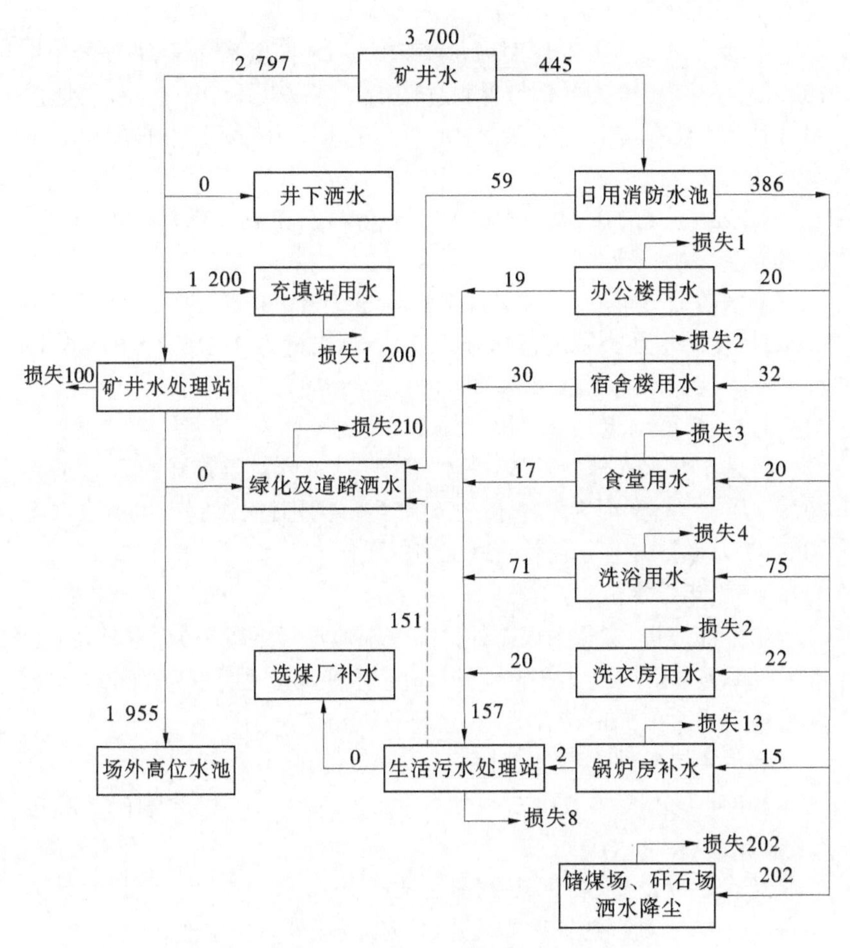

图3-15　检修期非采暖季水量平衡　（单位：m^3/d）

3.4.3　年取、用、排水量

3.4.3.1　年用水量核定

麻黄梁煤矿水源为自身矿井水，根据节水潜力分析后的采暖季、非采暖季水量平衡图表，正常工况下各系统采暖季总用水量为2 286 m^3/d，非采暖季总用水量为2 488 m^3/d，检修期总用水量采暖季为1 536

m^3/d,非采暖季为 1 655 m^3/d。

本项目采暖季供暖日期为每年 10 月 15 日至次年 4 月 15 日,共 182 d,生产天数按 330 d 计(采暖季 165 d,非采暖季 165 d),检修期按 35 d 计(采暖季 17 d,非采暖季 18 d)。节水潜力分析后麻黄梁煤矿用水量如下:

$$0.228\,6\times165+0.248\,8\times165+0.153\,6\times17+0.165\,5\times18=84.36(\text{万 } m^3/a)$$

节水潜力分析后,麻黄梁煤矿用水量为 84.36 万 m^3/a,全部为矿井水;按生产生活类别进行划分,生活用新水量为 $0.016\,9\times365=6.17$(万 m^3/a),生产用水量为 $84.36-6.17=78.19$(万 m^3/a)。

3.4.3.2　年取水量

考虑矿井水处理站约 5%的处理损失后,麻黄梁煤矿总取水量为 86.95 万 m^3/a,全部为矿井水;按生产生活类别进行划分,生活取水量为 6.17 万 m^3/a,生产取水量为 80.78 万 m^3/a。

3.4.3.3　年排水量

经论证分析,麻黄梁煤矿外排高位水池水量采暖季为 1 344 m^3/d,非采暖季为 1 147 m^3/d;检修期外排高位水池水量采暖季为 2 059 m^3/d,非采暖季为 1 955 m^3/d。

麻黄梁煤矿外排水量如下:

$$0.134\,4\times165+0.114\,7\times165+0.205\,9\times17+0.195\,5\times18=48.12(\text{万 } m^3/a)$$

经前分析,本项目回用处理后的矿井水 86.95 万 m^3/a,剩余有 48.12 万 m^3/a 处理达标后的矿井水外排至场外高位水池。

3.5　小　结

(1)现状麻黄梁煤矿矿井涌水量为 3 200 m^3/d。各系统采暖季用新水量为 1 886 m^3/d,非采暖季用新水量为 2 088 m^3/d,均为矿井水。

现状麻黄梁煤矿外排高位水池水量采暖季为 1 244 m^3/d,非采暖季为 1 047 m^3/d,外排水为矿井水,生活污水全部回用不外排。

(2)经论证合理性分析,项目满产情况下正常工况各系统采暖季总用水量为2 286m^3/d、非采暖季总用水量为2 488 m^3/d;检修期总用水量采暖季为1 536 m^3/d,非采暖季为1 655 m^3/d。

节水潜力分析后,麻黄梁煤矿用水量为84.36万m^3/a,全部为矿井水;按生产生活类别进行划分,生活用新水量为6.17万m^3/a,生产用水量为78.19万m^3/a。

(3)考虑矿井水处理站约5%的处理损失后,麻黄梁煤矿总取水量为86.95万m^3/a,全部为矿井水;按生产生活类别进行划分,生活取水量为6.17万m^3/a,生产取水量为80.78万m^3/a。

(4)节水潜力分析后,麻黄梁煤矿原煤生产水耗为0.095 m^3/t,选煤补水量为0.027 m^3/t,均属国际清洁生产先进水平。采煤用水指标为0.141 m^3/t,选煤用水指标为0.029 m^3/t,均优于陕西省行业用水定额先进值。

(5)节水潜力分析后,麻黄梁煤矿生活污水全部回用,矿井水做到最大化回用;本项目回用处理后的矿井水86.95万m^3/a,剩余有48.12万m^3/a处理达标后的矿井水外排至场外高位水池。

第 4 章　节水评价

本项目属于非水利建设项目,因此本章主要依据水利部《关于印发规划和建设项目节水评价技术要求的通知》(办节约〔2019〕206 号)中非水利建设项目水评价章节编写提纲和要求进行编制,同时参照水利部黄河水利委员会《关于进一步加强规划和建设项目节水评价工作的通知》(黄节保〔2020〕325 号)(2020 年 12 月)相关要求,节水评价范围:根据“办节约〔2019〕206 号”文件要求,本次节水评价的区域分析范围确定为榆林市,项目分析范围为本项目厂区范围。

节水评价水平年:现状水平年为 2020 年,不设置规划水平年。

节水评价分区:本项目所在地区为榆林市,根据“办节约〔2019〕206 号”规定,本项目属于西北区。

4.1　区域节水评价

4.1.1　区域现状节水水平分析

(1)现状用水水平分析。

现状年 2020 年榆林市人均综合用水量为 309 m^3,万元 GDP 用水量 27 m^3,万元工业增加值用水量 12 m^3,农田灌溉亩均用水量 176.2 m^3,农田灌溉水利用系数 0.561,城镇生活用水指标 66 L/(人 · d),农村居民人均生活用水量为 83 L/d。

主要用水指标对比分析见表 4-1。

表4-1　2020年榆林市用水水平分析对照

项目类型	单位	榆林市	陕西省	全国
人均综合用水量	m^3	309	229	430
万元GDP用水量	m^3	27	34	60
万元工业增加值用水量	m^3	12	12	38
农田灌溉亩均用水量	m^3	176.2	330	368
农田灌溉水利用系数	—	0.561	0.588	0.559
城镇生活用水量（含居民及公共用水）	L/(人·d)	66	98	225
农村居民人均生活用水量	L/d	83	87	89

经分析，现状水平年榆林市万元GDP用水量、万元工业增加值用水量、农田灌溉亩均用水量、城镇生活用水量、农村居民人均生活用水量均低于陕西省及全国用水指标值；榆林市人均综合用水量高于陕西省用水指标，低于全国用水指标；榆林市农田灌溉水利用系数低于陕西省用水指标值，高于全国用水指标值。

(2)与“三条红线”的符合性分析。

根据《陕西省水利厅关于下达“十三五”水资源管理控制目标的通知》(陕水资发〔2016〕55号)：要求榆林市2020年用水总量控制在12.10亿m^3内；2020年全市万元国内生产总值用水量相比2015年下降10%，万元工业增加值用水量相比2015年下降10%，农田灌溉水有效利用系数达到0.560，重要水功能区水质达标率75.0%。

根据《榆林市2020年度实行最严格水资源管理制度考核工作自查报告》：2020年榆林市用水总量11.21亿m^3，低于年度目标值。2020年榆林市万元国内生产总值用水量为27 m^3，相比2015年下降6.87%；万元工业增加值用水量为12 m^3，相比2015年上升19.31%，农田灌溉水有效利用系数达0.561；重要水功能区水质达标率93.3%(见

表 4-2)；农田灌溉水利用系数和重要水功能区水质达标率达到控制目标要求。

表 4-2　“三条红线”指标达标情况

指标名称	榆林市	
用水总量/亿 m^3	2020 年控制指标	12.10
	2020 年实际用水量	11.21
万元国内生产总值用水量/m^3	2020	27(当年价)
	2015	29.4(当年价)
万元工业增加值用水量/m^3	2020	12(当年价)
	2015	10(当年价)
农田灌溉水有效利用系数	0.561	
重要水功能区水质达标率/%	93.3	

4.1.2　区域节水潜力分析

(1)2020 年榆林市市万元工业增加值用水量为 12 m^3,虽然高于全国、全省平均水平,但与北京、天津、山东、河北等节水先进地区相比,仍有一定差距,同时尚未达到“三条红线”指标要求的用水水平。应进一步提高企业管理水量,挖掘节水潜力。

(2)榆林市的水资源开发利用目前主要以地下水为主,地表水为辅。2020 年榆林市各类供水工程设施总供水量 11.21 亿 m^3,其中地表水供水量 4.95 亿 m^3,占总用水量的 43.63%;地下水供水量 6.17 亿 m^3,占总用水量的 55.06%;其他水源供水量 0.15 亿 m^3,占总用水量的 1.31%。现状年榆林市对于再生水、雨水、污水和矿井疏干水的利用还非常有限,而这一部分水资源量的利用潜力非常大,有效地利用这部分水源可以在很大程度上减少地表水和地下水的开发量,对水资源的可持续发展具有重要意义。

4.2　现状节水水平评价与节水潜力分析

4.2.1　现状节水水平评价

论证根据《清洁生产标准 煤炭采选业》(HJ 446—2008)和及《工业用水定额:选煤》(水节约〔2019〕373 号)及陕西省地方标准《行业用水定额》(GB 61/T 943—2020),对麻黄梁煤矿现状用水水平进行分析,见表 4-3。

表 4-3　主要用水指标对比分析

序号	指标	单位	本次水平衡测试	标准要求
1	原煤生产水耗	m^3/t	0.095	清洁生产标准一级标准 0.1
2	选煤补水量	m^3/t	0.027	清洁生产标准 一级标准 0.1
3	采煤用水指标	m^3/t	0.141	陕西省用水定额先进值:0.2
4	选煤用水指标	m^3/t	0.029	陕西省用水定额先进值:0.06 工业用水定额 选煤 动力煤选煤厂先进值:0.06
5	企业人均生活用水指标	$m^3/(人·d)$	0.281	—

从表 4-3 可知:

(1)现状原煤生产水耗为 0.095 m^3/t,优于《清洁生产标准 煤炭采选业》(HJ 446—2008)中原煤生产水耗(不含选煤厂)一级标准 0.1 m^3/t,属于国内清洁生产基本水平。

现状选煤补水量为 0.027 m^3/t,优于《清洁生产标准 煤炭采选业》(HJ 446—2008)中选煤补水量一级标准 0.1 m^3/t,为国际清洁生产先进水平。

(2)现状采煤用水指标为 0.141 m^3/t,优于《行业用水定额》(DB 61/T 943—2020)中井工煤炭开采先进值定额 0.20 m^3/t;现状选煤用水指标为 0.029 m^3/t,优于《行业用水定额》(DB 61/T 943—2020)中洗选煤用水定额先进值 0.06 m^3/t,优于《工业用水定额:选煤》(水节约〔2019〕373 号)动力煤选煤厂先进值 0.06 m^3/t。

(3)现状麻黄梁煤矿总出勤人数约为 600 人,根据出勤人数计算得到麻黄梁煤矿生活用水量为 0.281 $m^3/$(人·d);因陕西省《行业用水定额》(DB 61/T 943—2020)中生活用水定额指居民家庭日常生活用水水平,与本项目高温高粉尘环境下人均生活用水情况不同,周边彬长矿区的企业人均生活用水指标在 0.246~0.310 $m^3/$(人·d),本项目人均生活用水指标在该区间之内。

4.2.2　现状节水潜力分析

通过本次取用水调查,在与业主充分沟通后,麻黄梁煤矿节水减污潜力分析如下:

(1)现状有锅炉排污水量偏大,下一步应加强锅炉用水的精细化管理。

(2)麻黄梁煤矿缺乏专门的水务管理部门,在本论证第 9 章做进一步要求,以加强用水管理,进一步提高用水水平。

4.2.3　现状节水存在的问题

通过本次取用水调查,论证认为麻黄梁煤矿在节水方面存在以下问题:

(1)麻黄梁煤矿现安装水计量表 4 块,水计量设施有待完善。已有计量设施未定期校验,部分仪表计量不准确。

(2)水资源管理没有专业对口部门,管理模式粗放。

(3)在生活、生产各用水设施处缺少节约用水标示牌。

4.3 用水工艺与用水过程分析

4.3.1 用水环节与用水工艺分析

4.3.1.1 项目用水环节

本项目用水环节主要为生活用水、生产用水、消防洒水系统。

本项目生活用水环节主要包括职工日常生活、食堂、洗浴、洗衣等。生产用水系统包括井下防尘洒水、选煤厂、道路及绿化洒水等。消防洒水系统分为地面消防和井下消防洒水。

4.3.1.2 项目用水工艺分析

本项目用水工艺包括原煤生产用水工艺、选煤用水工艺、水处理工艺。

原煤生产用水工艺:本项目原煤生产用水主要为井下降尘洒水、锅炉用水、地面防尘绿化用水等。

选煤用水工艺流程分为:原煤分选、产品脱水及分级系统、煤泥回收系统和煤泥水处理系统。

水处理工艺:矿井水处理站采用"化学絮凝+高密度迷宫斜管净水器+砂滤+消毒"技术;生活污水主要来自办公楼、食堂、浴室、洗衣房等,采用"物理化学+生物接触氧化法+MBR+消毒"处理工艺。

4.3.2 用水过程及水量平衡分析

本项目通过2021年现场水平衡测试对实际达产中各系统用水过程进行分析,对符合规范要求的,维持现状值;对不符合规范要求的,按照规范值重新进行核定,核定后得出本项目用水量。同时计算原煤生产水耗、选煤补水量、采煤用水指标、选煤用水指标、企业人均生活用水指标等,与相关规范对比后,均符合规范要求,且用水水平优于同类项目用水水平,因此本项目用水过程及水量平衡分析合理。具体过程已在本书3.2用水过程和水量平衡分析中详细介绍,此处不再赘述。

4.4 取用水规模节水符合性评价

4.4.1 节水指标先进性评价

本项目节水指标主要从原煤和选煤生产水耗来分析。项目用水量合理分析前后主要用水指标对比见表4-4(计算过程详见本章)。

表4-4 用水量合理分析前后主要用水指标对比分析

序号	指标		单位	合理分析后	核定后符合标准
1	原煤生产水耗		m^3/t	0.095	清洁生产指标:一级小于或等于0.1(国际清洁生产先进水平)
2	选煤补水量			0.027	
3	单位产品取水量(综合指标)	采煤用水指标		0.141	陕西省行业用水定额先进值:0.2
4		选煤用水指标		0.029	水利部选煤用水先进值0.06;陕西省行业用水定额先进值0.06

从表4-4可知:合理分析后各水耗指标与现状一致,原煤生产水耗和选煤补水量均优于《清洁生产标准 煤矿采选业》(HJ 446—2008)一级标准,属国际清洁生产先进水平。采煤和选煤用水指标均优于陕西省行业用水定额先进值。

本项目合理分析后的用水水平与周边其他煤矿对比见表4-5。

表 4-5　本项目合理分析后的用水水平与周边其他煤矿对比

煤矿名称	设计规模/(Mt/a)	原煤生产水耗/(m^3/t)	选煤生产补水量/(m^3/t)
甘肃华亭市陈家沟煤矿	矿井 1.5,选煤 2.0	0.145	0.043
陕西彬长矿区胡家河煤矿	5.0	0.159	0.039
内蒙古玻璃沟矿井	4.0	0.15	0.07
麻黄梁煤矿	2.4	0.095	0.027

从表 4-5 可看出,本项目与上述调研的已运行煤矿用水指标比较,论证合理分析后麻黄梁煤矿各项用水指标优于调研煤矿用水指标。

4.4.2　取用水规模合理性评价

论证通过现场调查,在满足生产需求情况下,按国家及行业有关标准规范,对现状的生活生产各用水环节用水量进行了节水潜力分析,分析认为项目现状用水较为规范,各指标均处于清洁生产及行业标准先进水平。

说明:由于考虑到麻黄梁煤矿处于开采后期,开采方式主要以充填开采为主,随着充填开采的开采面的逐步扩大,矿方预计月均充填膏体量能够达到 9 万 m^3,因此充填站平均用水量核增至 1 200 m^3/d。

合理分析后各用水环节用水情况见表 4-6。

表 4-6　合理分析后各用水环节用水情况一览　　单位:m^3/d

序号	用水单元	合理性分析后采暖季用水量	合理性分析后非采暖季用水量
1	洗浴用水	75	75
2	洗衣房用水	22	22
3	宿舍楼用水	32	32
4	办公楼用水	20	20

续表 4-6

序号	用水单元	合理性分析后 采暖季用水量	合理性分析后 非采暖季用水量
5	食堂用水	20	20
6	锅炉房用水	100	15
7	井下生产用水	692	692
8	储煤场、矸石场降尘洒水	67	202
9	选煤厂补水	0	0
10	绿化及道路降尘	58	210
11	充填站用水	1 200	1 200

从表4-6可知,经论证合理分析后,麻黄梁煤矿各用水系统取用水规模合理。

4.4.3 取用水规模核定

经前述分析计算,考虑矿井水处理站约5%的处理损失后,麻黄梁煤矿总取水量为86.95万m^3/a,全部为矿井水;按生产生活类别进行划分,生活取水量为6.17万m^3/a,生产用水量为80.78万m^3/a。

4.5 节水措施方案与保障措施

4.5.1 节水措施方案

本项目已实施的主要节水与管理措施如下。

4.5.1.1 供水系统节水措施

(1)矿区生产、生活用水均采用矿井水。

(2)选煤厂生产用水采取闭路循环,废污水不外排。

4.5.1.2　设备选型节水措施

(1)生产设备采用低耗水或不耗水设备。

(2)供水系统采用变频调速节能、节水设备。

4.5.1.3　节水日常管理

加强生活公共用水管理,避免跑、冒、滴、漏;实行奖惩制度,使节约用水形成习惯。

4.5.2　节水保障措施

在满足生产工艺要求的前提下,麻黄梁煤矿设备选型遵循技术先进、性能可靠、效率高、能耗低的原则,在采煤工作面主要设备按全部国产化原则配置,选煤厂采用动筛跳汰+煤泥压滤回收工艺机,煤泥水闭路循环,其他生产设备采用低耗水或不耗水设备,全矿自动程度达到国内先进水平,是具有新技术、新工艺、新设备的高产高效现代化企业。

为有效贯彻国家的产业政策规定和节水管理要求,提高本项目的用水效率,论证认为麻黄梁煤矿还应做到以下几点:

(1)在矿井生产过程中选用高效、节水环保型设备和产品,同时供水系统采取防渗、防漏措施,降低水资源无效消耗。

(2)供水设施中的给水管道采用内外热镀锌钢管,增强管道的抗腐能力,减少给水管道的漏失水量,以达到节约用水。

(3)根据实际情况规定各部门的用水定额,制定用水和节水计划及制度,并严格按计划、定额供水,实行节奖超罚。

(4)依据《用水单位水计量器具配备和管理通则》(GB 24789—2009)以及《企业水平衡测试通则》(GB/T 12452—2008),对各类供水进行分质计量,并建立水计量管理体系,对水计量器具数据进行系统采集及管理。

(5)开发智慧水务监控系统,以实现合理控制和分配水资源,对供用水点运行情况实时在线监测。

(6)在生产期间根据实际情况,定期对全矿用水系统做水平衡测试及水质分析测试,找出薄弱环节和节水潜力,及时调整和改进节水方案,确保各部门用水在用水指标之内,并建立测试技术档案。

(7)提高全矿节水意识,加强节水知识教育。

4.6 小 结

(1)麻黄梁煤矿充分利用矿井水和生产生活废污水,体现了现代化煤矿节能减排的发展目标,符合国家相关节水政策的要求。

(2)论证结合项目建设区域水资源条件,在保障工程经济技术可行、合理的用水前提下,对主要用水系统合理性进行全面分析,尽可能优化用水流程,挖掘节水潜力。

(3)合理分析后,麻黄梁煤矿原煤生产水耗 0.095 m^3/t、选煤生产补水量 0.027 m^3/t,均达到《清洁生产标准 煤矿采选业》(HJ 446—2008)一级标准,属国际清洁生产先进水平。

第5章 取水水源论证研究

5.1 水源方案比选及合理性分析

按照《水利部关于非常规水源纳入水资源统一配置的指导意见》(水资源〔2017〕274号)、《关于印发〈国家节水行动方案〉的通知》(发改环资规〔2019〕695号)、《关于推进污水资源化利用的指导意见》(发改环资〔2021〕13号)等文件的要求,大力鼓励工业用水优先使用非常规水源。缺水地区、地下水超采区和京津冀地区,具备使用再生水条件的高耗水行业应优先配置再生水。大力推动城市杂用水优先使用非常规水源;城市绿化、冲厕、道路清扫、车辆冲洗、建筑施工、消防等用水应优先配置再生水和集蓄雨水。规划或建设项目水资源论证中,应首先分析非常规水源利用的可行性,并结合技术经济合理性分析,确定非常规水源利用方向和方式,提出非常规水源配置方案或利用方案。缺水地区、地下水超采区和京津冀地区,未充分使用非常规水源的,不得批准新增取水许可。

根据现场用水核查结果,麻黄梁煤矿现状生产生活水源均为自身矿井水,节水潜力分析后,项目取水水源与现状保持一致,论证认为麻黄梁煤矿现有水源方案符合《水利部关于非常规水源纳入水资源统一配置的指导意见》(水资源〔2017〕274号)的有关要求,水源保障方案是合理的。

5.2 水源论证研究范围

煤矿开采过程中伴随着矿井水的疏干,会形成冒落带、裂隙带和弯曲带,在地表会产生沉陷,对地表水和地下水都会产生影响;论证结合地表沉陷影响范围和矿井水影响半径来综合确定矿井水水源论证研究范围和矿井涌水水源论证研究范围，初步分析后确定为麻黄梁井田及井田边界向外延伸 500 m 的区域，见图 5-1。

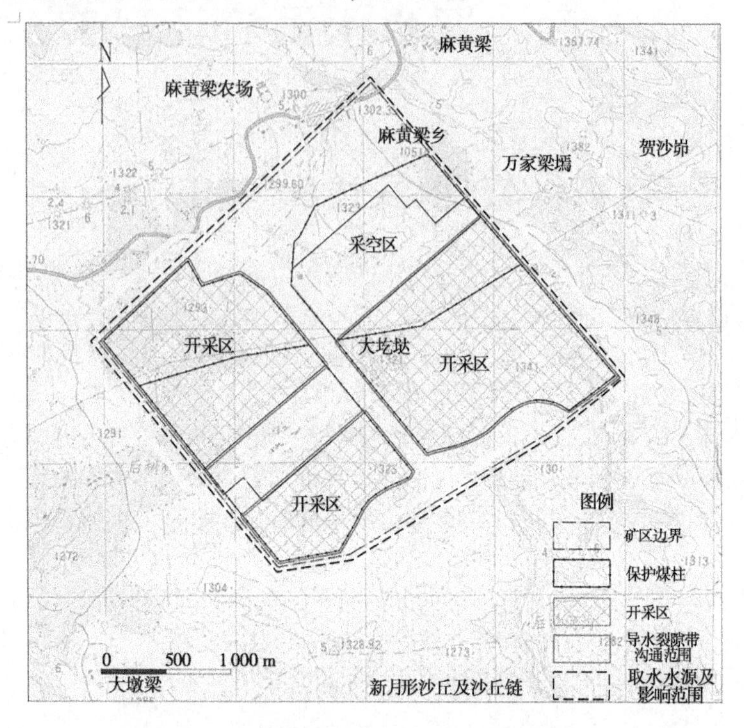

图 5-1　麻黄梁煤矿取水水源论证研究范围

5.3　矿井水水源论证研究

5.3.1　区域地质构造

5.3.1.1　地层

麻黄梁煤矿所在地区划属华北地层区鄂尔多斯盆地分区东胜-环县小区，地层由老至新依次为侏罗系下统富县组(J_1f)，侏罗系中统延安组(J_2y)、直罗组(J_2z)、安定组(J_2a)，新近系上新统静乐组(N_2j)及第四系的诸地层，详见表 5-1。

表5-1 区域地层系统一览

地层系统				代号	岩性特征	厚度/m
界	系	统	组			
新生界	第四系	全新统		Q_4^{2eol} Q_4^{2al+pl} Q_4^{1al+pl}	按成因类型有冲积砂砾石层 Q_4^{2al+pl}、Q_4^{1al+pl} 及风成沙地 Q_4^{2eol}	0~30
		上更新统	马兰组	Q_3^2m	灰黄色沙土、亚砂土,结构松散,偶含钙质结核,具少量柱状节理。在低洼地带底部常发育厚3~4 m的冲积、坡残积钙质结核砾石层,顶部常见30 cm的黑垆土	1~15.3
			萨拉乌苏组	Q_3^1s	浅灰黄色沙土、亚砂土及灰色黏土,底部在黄土梁峁区次级沟谷中常见一层度5~10 m的杂色沙土及砂砾石层,含大量的腹足类、哺乳类化石。下部发育水平层理,含大量草本植物根系及白垩,上部发育交错层理	10~30
		中更新统	离石组	Q_2l	浅棕红、棕黄色亚砂土,夹数层古土壤层,发育柱状节理,含较多白色颗粒状钙质结核,局部呈层状分布	5~100
		下更新统	午城组	Q_1w	浅黄褐、浅灰色亚砂土、棕红色亚黏土组成的韵律层,放射状裂隙发育,含较多白色颗粒状钙质结核	0~8.30
	新近系	上新统	静乐组	N_2j	为紫色或深褐红色粉砂质黏土,夹数层厚古土壤层,含大量白色颗粒状钙质结核,多呈层状分布	5.49~160.64

续表 5-1

地层系统				代号	岩性特征	厚度/m
界	系	统	组			
中生界	侏罗系	中统	安定组	J_2a	岩性为紫红色中细粒长石砂岩和灰绿色粉砂岩	0~20.72
			直罗组	J_2z	岩性为灰绿色厚状粉砂质泥岩、泥岩,灰黄色粉砂岩、细砂岩,灰白色厚层状中、细粒长石砂岩不等厚互层	0~163.13
			延安组	J_2y	岩性为砂岩、泥岩、炭质泥岩及煤层,与下伏富县组整合接触	205.87~305.62
		下统	富县组	J_1f	岩性为灰白色中厚层砂岩,杂色泥岩,粉砂岩夹厚层油页岩,上部偶夹煤线	16.73~78.10

5.3.1.2 构造

陕北沉积地层位于中朝大陆板块的西部、鄂尔多斯坳陷盆地伊陕单斜区之内,基底为坚固的前震旦系结晶岩系,印支期及其后期的历次构造运动对区域的影响主要表现为垂直升降运动,形成一系列的假整合面或小角度的不整合面。

麻黄梁井田地处榆神矿区金鸡滩—麻黄梁片区内,该矿区位于鄂尔多斯盆地次级构造单元陕北斜坡的东北部。新生界以下地层总体为一向北西西方向缓倾斜的单斜地层。区内未见岩浆岩和岩浆活动迹象。侏罗系岩层呈简单层叠置,从富县组—延安组—直罗组—安定组呈现先上超后退覆的地层格架,总体上向北北西或西北方向缓倾,局部倾向为西南方向东部边缘地带坡度稍陡,一般倾角3°~8°,平均倾角5°左右,向深部坡度变缓,沿倾向大约每千米层面降深6.8 m,平均倾角约 0.5°。除侏罗系与三叠系、白垩系与侏罗系的界面为平行不整合或角度不整合外，区内和地层之间为连续沉积。第四系覆盖层厚度小，基底稳固，地壳稳定，地质构造比较简单。井田所在区域地质构造简图见图 5-2。

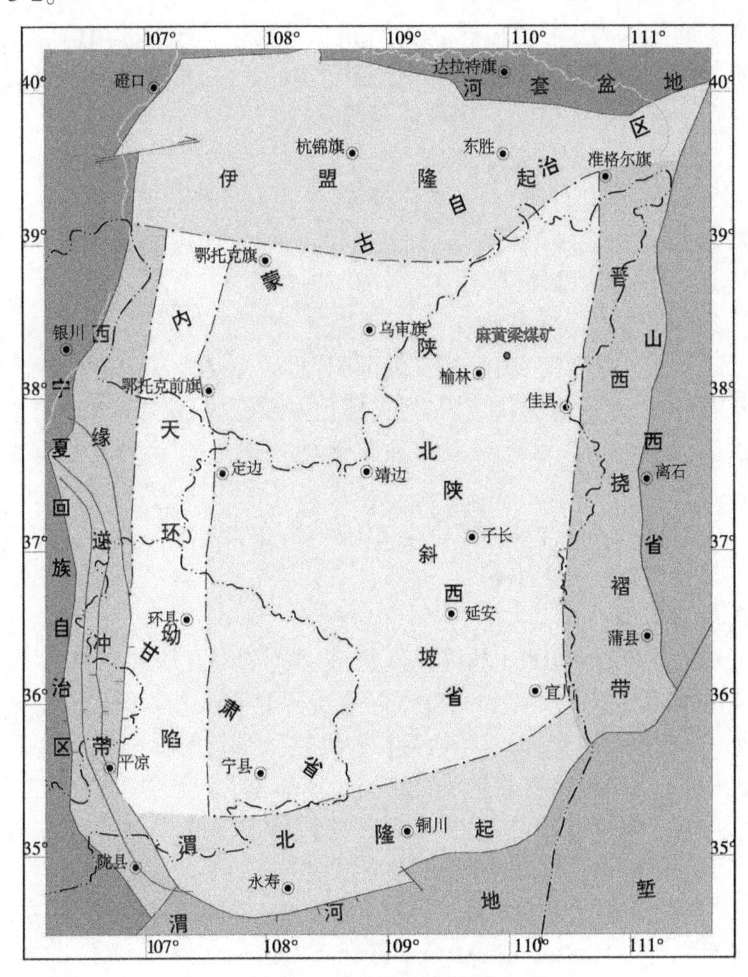

图 5-2　区域地质构造简图

5.3.2　井田地质构造

5.3.2.1　地层

麻黄梁井田地表全部被第四系松散沉积物覆盖,矿区范围内地层从老到新依次为全新统风积沙(Q_4^{2eol})、上更新统萨拉乌苏组(Q_3^1s)、中更新统离石组(Q_2l),新近系上新统静乐组(N_2j),侏罗系中统延安组(J_2y)、下统富县组(J_1f)。现由老至新分述如下:

1. 侏罗系下统富县组(J_1f)

井田内及周边仅在少量钻孔揭露,未见底,厚度大于30 m。岩性为灰紫色、紫杂色中细粒长石砂岩,灰白色细粒石英砂岩与杂色粉砂质泥岩互层,局部夹薄煤层(线)。

2. 侏罗系中统延安组(J_2y)

本组为一套河流-湖沼相含煤沉积,岩性主要为灰-灰白色细-粗粒长石砂岩、深灰色粉砂岩、泥岩夹黑色炭质泥岩、煤层(线),组成多个次级沉积旋回。该地层顶部在矿区内普遍遭受后期剥蚀而保留不全。

根据岩石组合、含煤特征、旋回结构等,该组可进一步划分为四个段。现自下而上叙述如下。

1) 第一段(J_2y^1)

矿区内仅有ZK1863孔揭穿该段,综合周边钻孔资料可知,本段由3~4个下粗上细的次级旋回组成,每个旋回的下部主要为浅灰色、灰白色细-中粒长石砂岩(局部相变为粉砂岩)、长石石英砂岩,中部主要为灰色粉砂岩、深灰色粉砂质泥岩、泥岩,上部主要为泥岩、粉砂质泥岩、炭质泥岩或煤层(线)。其中上部2个旋回的顶部分别为9号、8号煤层产出部位。该段厚55~70 m,平均厚65 m。

本段底部砂岩具正粒序,发育大型板状交错层理和冲刷充填层理,其分布稳定(厚2~12 m),相当于区域上"宝塔山砂岩"(K1),亦是本区延安组底界划分的重要标志层。整合接触与下伏地层富县组。

2) 第二段(J_2y^2)

本段以湖泊沉积的细碎屑岩为主,由3个次级旋回组成,各次级旋回主要由深灰色泥岩、粉砂质泥岩,灰色泥质粉砂岩、粉砂岩及浅灰色细粒长石砂岩不等厚互层,旋回顶(上)部为煤层(7号、6号、5号煤层)产出部位。该段厚52.42~77.60 m,平均厚62.62 m。

3)第三段(J_2y^3)

本段为区内主要含煤段,以三角洲平原相沉积为主,由2~4个次级沉积旋回构成,各次级旋回顶(上)部均为煤层(3号、3^{-1}号、4号、4^{-1}号煤层)产出部位。各旋回岩性以泥岩、粉砂质泥岩、粉砂岩、细粒长石砂岩为主,具下粗上细特征。本段厚72.80~95.45 m,平均厚86.41 m。

4)第四段(J_2y^4)

本段岩性为粉砂岩、细粒长石砂岩、中粒长石砂岩夹薄层泥岩及粉砂质泥岩。井田内该段顶部普遍遭受剥蚀保留不完整,且基本上全部处于基岩风化带内,地层残留厚度7.60~41.70 m,平均厚25.86 m。

3.新近系上新统静乐组(N_2j)

本区全区均有分布,岩性为紫红色或褐红色粉砂质黏土,夹数层薄层古土壤层,含大量钙质结核,局部成层分布。该地层是本区内最主要的隔水层,厚42.12~104.84 m,平均厚75.04 m,与其他地层均为角度不整合接触。

4.第四系(Q)

第四系(Q)广布全区,不整合于一切老地层之上。地表多以现代风积沙、萨拉乌苏组为主,离石组部分出露。

1)中更新统离石组(Q_2l)

中更新统离石组(Q_2l)广布全区,主要出露于本区东部、南部和北部,结合钻孔资料可知,厚6.59~147.68 m,平均厚约66.70 m。岩性为灰黄色、浅棕黄色亚黏土、亚砂土,夹2~5层厚0.30 m左右的古土壤层。柱状节理发育,含大量灰白色不规则状钙质结核,底部偶见灰白、褐黄色砂、砂卵石层。

2)上更新统萨拉乌苏组(Q_3^1s)

上更新统萨拉乌苏组(Q_3^1s)主要出露于本区北部、中部和西南部,结合钻孔资料可知,厚0~42.99 m。岩性上部为褐黄色、浅灰黄色粉沙、细沙和沙土，现大部分被开垦为农田，也是区内第四系潜水主要含水岩组；下部为桔黄色、浅灰紫色及杂色中、细粒砂与暗棕色亚黏土不等厚互层。

3）全新统风积沙（Q_4^{2eol}）

全新统风积沙（Q_4^{2eol}）主要分布于本区内黄土梁岗区和沙漠滩地区之间，面积约占井田面积的35%，厚0～11.00 m。岩性为浅黄色粉细沙、细沙，分选性中等，磨圆度为次棱角状。受西北向季风的影响，往往形成北北东走向的沙垄，沙垄由小沙丘、沙梁组成，其西北坡较缓，东南坡较陡，高1～3 m。其空间展布形态多呈新月形、鱼鳞状、浑圆状、长条状，地形较平缓。其上植被多为沙柳、沙蒿及杂草，覆盖率一般在20%～40%。

5.3.2.2　构造

井田位于鄂尔多斯盆地的次级构造单元陕北斜坡中部，区内的基岩基本为简单的层状叠置结构，无较大褶皱，仅局部发育宽缓的波状起伏。构造类型属于简单类型。

区内未发现较大断裂、褶皱及岩浆活动痕迹，局部发育宽缓的波状起伏。总体构造形态为一向北北西缓倾的单斜层，倾角小于1°。根据本项目水文地质类型划分报告，井田内有2个断层，断层要素信息见表5-2。

表5-2　井田3号煤层断层要素一览

序号	断点编号	性质	位置/CDP号	坐标		倾向	落差/m	断点级别	可靠性
				X	*Y*				
1	FZ1-01	正	DZ1/505	4 258 297	37 410 797	NW	15	B	较可靠
2	FZ4-01	逆	DZ4/280	4 256 377	37 409 315	SE	10	B	较可靠

5.3.3　区域水文地质概况

5.3.3.1　地形地貌及地表水系

本区域位于陕北侏罗系煤田的西南部，陕北黄土高原与毛乌素沙漠的接壤地带。区域东部及南部为水系发育的黄土梁峁地形，西部及北部为沙漠滩地及低缓黄土梁岗地形。全区基本上为一个四周较高(北部及西部地势高、东部为榆溪河与佳芦河及秃尾河的分水岭、南部为无定河与大理河的分水岭)、中部低洼(沙漠滩地区)、向南开口(流向东南的无定河及榆溪河)的不对称的高原盆地地形。区域内较大水系有无定河及其支流榆溪河等,见图5-3。

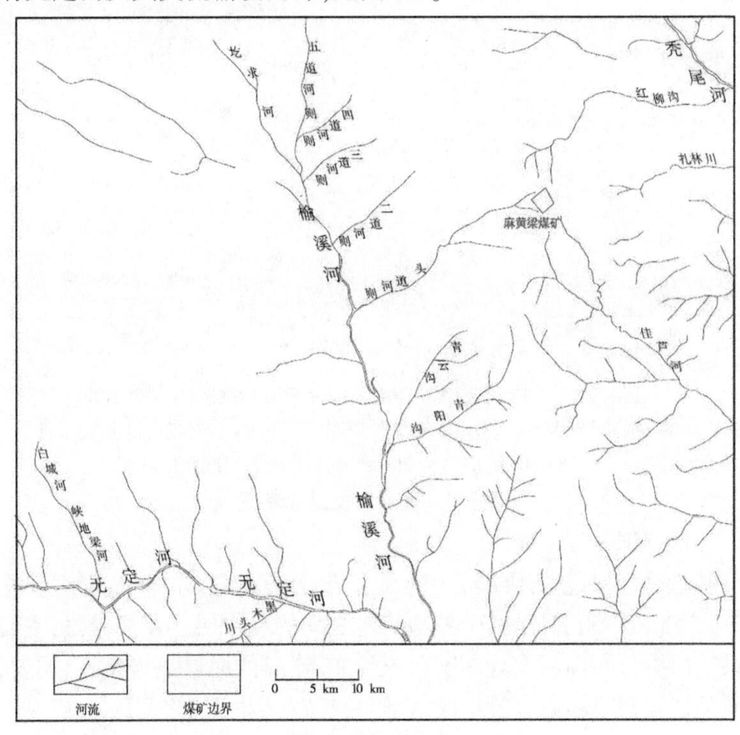

图5-3　区域水系

5.3.3.2　含(隔)水层水文地质特征

1. 地下水类型及含水岩组

区内可分为沙漠滩地区(包括低缓黄土梁岗区)、河谷阶地区及黄土梁峁区三个自然地貌区。地下水的形成、分布和水化学特征主要受地貌制约,此外还受地层岩性、地质构造、古地理环境及水文气象诸因素综合控制。地下水类型分为新生界松散岩类孔隙及裂隙孔隙潜水、中生界碎屑岩类裂隙孔隙潜水与层间承压水两大类，可划分为 7 个含水岩组。其主要特征和分布情况见图 5-4、表 5-3。

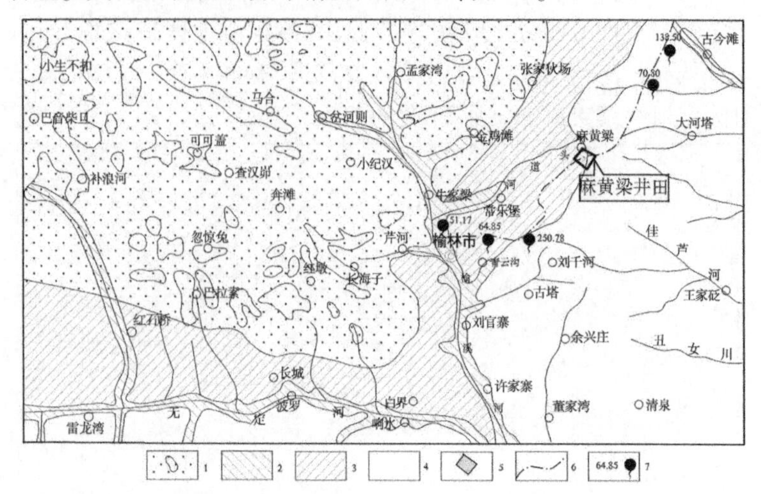

1—沙漠滩地区(中等富水区—富水区)；2—河区阶地区(中等富水区)；
3—黄土梁岗区(弱富水—中等富水区)；4—黄土梁峁区(极弱富水区)；
5—井田位置；6—3 号煤自燃界；7—大泉及流量(L/s)

图 5-4　区域水文地质略图

2. 隔水层

新近系上新统静乐组红土连续分布于王家湾、乔界、董家湾乡连线以东，厚度 30~60 m，是新生界与基岩之间的隔水层。在基岩段，主要为煤系地层中分布面积大且厚度在 10~30 余 m 的厚层泥岩类，由泥岩、粉砂质泥岩及泥质粉砂岩等组成，它们为各砂岩含水层之间的隔水层。

5.3.3.3　地下水的补给、径流、排泄

本区潜水主要接受大气降水补给，此外还接受区域性侧向补给及沙漠凝结水补给。松散层孔隙潜水及基岩风化裂隙潜水的径流方向受地形地貌的控制，由高至低与现代地形吻合。榆溪河以东受头道河、二道河及色草湾沟的制约，除上部部分潜水向两河流径流外，总体流向由北东向南西方向与榆溪河斜交；榆溪以西，无定河以北受白河、芹河、狼木河、硬地梁河及海流兔河等河流制约，除部分潜水向河径流外，总体由北西向南东方向径流。河谷区潜水径流方向与地表水径流方向斜交。

表5-3 区域地下水类型及含水岩组水文地质特征一览

地下水类型	含水岩组	主要特征								
		分布地区	含水岩组岩性	水位埋深/m	含水层厚度/m	单井涌水量/(m^3/d)	泉流量/(L/s)	富水等级	水化学类型	矿化度/(g/L)
松散岩类孔隙水	第四系全新统河谷冲积层潜水(河谷阶地区)	榆溪河中上游、头道河	沙夹亚砂土	1.72~4.24	11.71~22.68	299.37~308.03		中等富水	HCO_3—Ca	0.35~0.41
		佳芦河、秃尾河、无定河	砂砾石及粉细砂	2.31~11.85	1.98~19.02	18.84~65.76		贫水	HCO_3—Na	0.48~0.51
	第四系上更新统冲湖积层孔隙潜水(沙漠滩地区)	忽惊兔、郑家滩、野门滩、波罗滩及黄托洛海一带	粉细砂、细砂及砂砾石	0.60~1.86	24.77~67.50	1 002.3~2 214.16		富水	HCO_3—Ca HCO_3—Ca·Mg	0.19~0.37
		可可盖、讨忽兔、大苏计、昌汉界、孟家湾、金鸡滩等	粉细砂、中细砂	0.70~2.00	11.00~53.40	111.46~961.81		中等富水	HCO_3—Ca HCO_3—Ca·Mg	0.16~0.55
		无定河两侧，主要是北侧的白界乡至大河湾一带，榆溪河下游的刘官寨乡一带	粉细砂夹淤泥质亚砂土和亚黏土	0.55~28.76	41.93~94.48	10.00~68.90		贫水	HCO_3—Ca HCO_3—Ca·Mg	0.21~0.23
	第四系中更新统黄土裂隙孔隙潜水(主要为黄土梁峁区)	榆溪河西部的小纪汉、石灰叫梁白城河及东北部的喇嘛滩	黄土局部夹砂层	0.60~1.86	41.95~110.25	110.87~425.10		中等富水	HCO_3—Ca	0.22~0.25
		无定河北部的闹牛海则、红墩，榆溪河东部的常乐堡、双山一带	黄土及钙质结核层	0.61~16.3	11.73~119.24 一般30~70	43.72~81.99		贫水	HCO_3—Ca·Mg	0.21~0.28
		无定河以南及双山、乔界、榆林、刘官寨、董家湾连线以东	黄土			<10	0.014~0.10	极贫水	HCO_3—Ca·Mg	<1

续表 5-3

地下水类型	含水岩组	主要特征								
		分布地区	含水岩组岩性	水位埋深/m	含水层厚度/m	单井涌水量/(m^3/d)	泉流量/(L/s)	富水等级	水化学类型	矿化度/(g/L)
碎屑岩类裂隙孔隙潜水及承压水	下白垩系洛河砂岩组砂岩裂隙孔隙潜水	大域东北角河口水库一带	中粒砂岩、细粒砂岩	0.02	198.40	1 106.47		富水	HCO_3—Na HCO_3—Na · Mg	0.37
		奔滩、马合一带等	细砂岩、中-细砂岩	1.00~1.60	31.77~98.56	105.07~786.46		中等富水	HCO_3—Ca · Na HCO_3 · Cl · SO_4—Ca	0.20~0.47
	侏罗系、三叠系基岩风化带裂隙潜水	长海子、金鸡滩及董家湾一带	砂岩、页岩	0.69~9.74	50.98~125.64	150.37~267.88		中等富水	HCO_3—SO_4—Ca	0.32~0.47
		硬地梁、头道河两侧及榆溪河中上游两侧和牛家梁一带	砂岩、泥岩夹粉砂岩	1.72~10.64	37.13~170.00	24.16~90.85	0.101~0.820	贫水	HCO_3—Na · Ca HCO_3—Ca · Mg	0.25~0.42
		无定河河谷及其以南和榆溪河下游河谷及其以东梁峁区	细砂岩-中砂岩	2.35~41.40	16.30~66.22	1.92~9.04	0.014~0.079	极贫水	HCO_3—Ca · Mg HCO_3—Na · Mg	0.25~0.45
	承压水含水组	侏罗系、三叠系风化带以下普遍分布	细砂岩-中砂岩	7.50~12.49	12.62~159.70	0.26~15.90		极贫水	HCO_3—Na · Ca · Mg HCO_3—Ca · Mg	0.26~10.12
	烧变岩裂隙潜水	色草湾、水长沟、三道沟及大河塔乡西北部	各粒度砂岩与泥岩互层				17.00~250.8	极富水	HCO_3—Ca · Mg	0.18~0.23

地下水的排泄为蒸发、人工开采及局部地段有大小不等的泉水出露，大部分以泄流的方式排入河流（见图5-5、图5-6）。

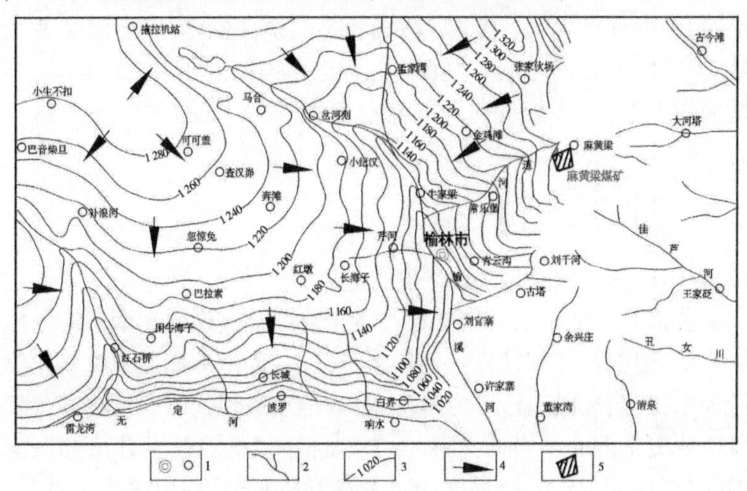

1—居民地；2—水系；3—等水位线（m）；4—地下水流向；5—井田位置

图5-5　区域第四系潜水等水位线

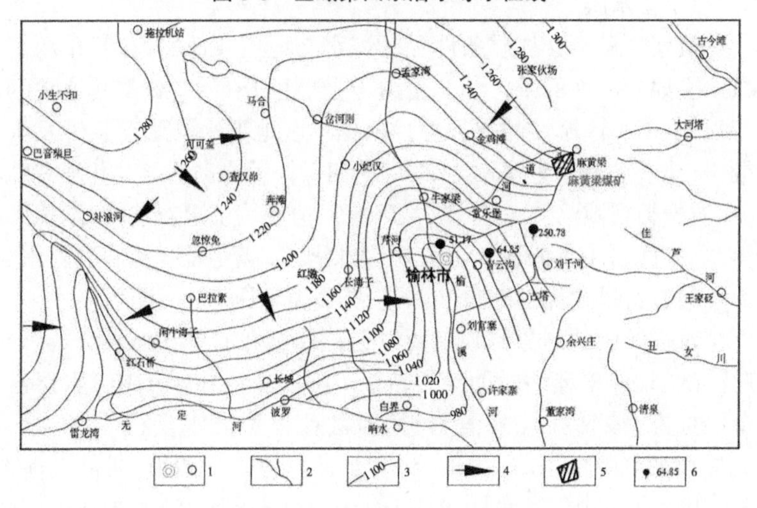

1—居民地；2—水系；3—等水位线（m）；4—地下水流向；5—井田位置；6—大泉及流量（L/s）

图5-6　区域基岩潜水等水位线

基岩承压水除在露头处接受大气降水补给外，局部地段接受上覆含水层的下渗补给。由于受向西单斜构造的控制，含水层从露头处向西延伸，埋深逐渐增大，地下水径流和排泄条件变差，地下水交替循环亦随之减慢，径流方向基本沿岩层倾向由东向西或西南方向运移，在向西延伸的深部，构成较为封闭的储水空间，故水质亦随之变差，富水性减弱。

5.3.4 井田水文地质条件

5.3.4.1 地形地貌及地表水特征

麻黄梁井田位于毛乌素沙漠与黄土高原过渡带的东南边缘。地势总体东部、南部及北部较高。地貌上矿区东部、南部和北部以黄土梁岗地形为主，其余地段以沙漠滩地为主，其上多被现代风积沙覆盖。最高点位于井田东部的梁峁处，高程 1 371.1 m；最低点位于井田的东南角冲沟处，高程 1 235.0 m，最大相对高差 136.1 m。井田内无水系发育，亦无溪流流出区外。

5.3.4.2 含水层

麻黄梁井田水文地质条件受区域水文地质条件的控制，显示了与区域水文地质特征的统一性。但由于受地层分布、埋藏及其地貌的影响，又显示了小区域性的差异性。根据本区地下水的赋存条件及水力特征，将地下水划分为两种类型，即第四系松散岩类孔隙及孔隙裂隙潜水、碎屑岩类裂隙水，5 个含水岩层(组)，分别为上更新统冲、湖积层孔隙潜水、第四系中更新统黄土孔隙裂隙潜水、烧变岩区孔洞裂隙水、侏罗系碎屑岩类风化壳裂隙水、碎屑岩类裂隙承压水。

富水性等级的划分原则主要以钻孔和机井的单孔抽水资料，依据《矿区水文地质工程地质勘探规范》(GB 12719—2021)中含水层富水性分级标准，按钻孔统降涌水量，即钻孔单位涌水量(q)以口径 91 mm、抽水水位降深 10 m 为准，将富水性分为以下四级：弱富水性，$q<0.1$ L/(s·m)；中等富水性，0.1 L/(s·m)$<q\leq$1.0 L/(s·m)；强富水性，1.0 L/(s·m)$<q\leq$5.0 L/(s·m)；$q<0.001$ L/(s·m)的岩层均可视为隔水层。矿区内的泥岩、粉砂质泥岩、泥质粉砂岩等均为隔水

层。现将矿区的主要含(隔)水层特征叙述如下。

1.第四系松散岩类孔隙及孔隙裂隙潜水

1)上更新统冲、湖积层孔隙潜水(简称萨拉乌素组潜水)

上更新统冲、湖积层孔隙潜水主要分布于矿区中部,宽1~2 km,长约3 km,其次在矿区东北部亦有小面积分布。含水层基本上呈面状连续分布于滩地区,地下水赋存条件严格受现代地貌、古地理环境及含水层厚度和岩性的控制。根据以往区内钻探成果,结合机民井调查、物探测井资料,该区萨拉乌苏组地层厚10~50 m。

地层主要由松散的粉细沙、粉沙夹粉土组成,地下水赋存条件较好。根据以往本区大量的机井调查及机井、钻孔抽水试验,含水层厚12.50~24.12 m,埋深3.80~5.50 m,降深3.18~15.23 m,涌水量为187.66~641.78 m^3/d,统降单位涌水量0.140 5~0.920 6 L/(s·m),渗透系数0.687~9.386 m/d,富水性中等。水化学类型为以HCO_3—Ca型水为主,其次为HCO_3—Na·Ca型水,矿化度204.35~212.58 mg/L,见表5-4。

表5-4 上更新统萨拉乌苏组潜水抽水试验成果

井编号	位置	含水岩层					涌水量		单位涌水量/[L/(s·m)]	统降单位涌水量/[L/(s·m)]	渗透系数/(m/d)	水化学类型	矿化度/(mg/L)
		时代	深度/m	厚度/m	埋深/m	降深/m	L/s	m^3/d					
MS503	大圪塔村北	Q_3^1S	3.80~59.50	24.12	3.80	15.23	2.172	187.66	0.152 8	0.140 5	0.687	HCO_3—Na·Ca	204.35
SHD17	大圪塔村西北		5.50~18.00	12.50	5.50	3.18	7.428	641.78	2.336	0.920 6	9.386	HCO_3—Ca	212.58

2) 第四系中更新统黄土孔隙裂隙潜水

第四系中更新统黄土孔隙裂隙潜水广布全区，为黄土梁岗地形，除矿区东部、南部及北部均有面积较小的黄土出露外，其余地段均隐伏于萨拉乌苏组及风积沙地层之下。黄土厚 6.59~147.68 m，一般为 50~80 m。含水层岩性主要为粉土质黄土，厚度一般为 40~60 m。

水位埋深靠近滩地区较浅，一般小于 10 m，靠近黄土梁岗区较深，一般 10~20 m。据以往矿区北部 Y24 孔抽水试验，含水层厚度 119.24 m，水位埋深 16.30~135.54 m，降深 46.86 m，涌水量 51.93 m^3/d，单位涌水量 0.014 5 L/(s · m)，渗透系数 0.013 m/d；又据以往民井简易抽水试验，水位埋深 8.26~17.00 m，降深 7.51 m，涌水量 53.14 m^3/d，单位涌水量 0.081 8 L/(s · m)，渗透系数 1.085 m/d，富水性弱。水化学类型均为 HCO_3-Ca 型水，矿化度 219.16~273.62 mg/L，见表 5-5。

表 5-5 第四系中更新统黄土孔隙裂隙潜水抽水试验成果

井编号	位置	含水岩层				
		时代	深度/m	厚度/m	埋深/m	降深/m
Y24	矿区北部	Q_2l	16.30~135.54	119.24	16.30	46.86
SHD34	矿区北部		8.26~17.00	8.74	8.86	7.51

井编号	涌水量		单位涌水量/[L/(s · m)]	统降单位涌水量/[L/(s · m)]	渗透系数/(m/d)	水化学类型	矿化度/(mg/L)
	m^3/d	L/s					
Y24	51.93	0.601	0.014 5	0.013	0.013	HCO_3-Ca	273.62
SHD34	53.14	0.615	0.081 8	0.042 6	1.085	HCO_3-Ca	219.16

2. 烧变岩区孔洞裂隙水

矿区东南部以 3 号煤层自燃边界线为界。3 号煤层自燃区，其顶板失重塌落造成的破碎层和裂隙密集带具有良好的储水空间及导水通道。但是，在本区煤层自燃区内，煤层顶板很薄，尤其烧变岩层很薄甚至没有，储水空间变差；其上又有厚度较大、分布稳定的静乐组红色黏土隔水层,地下水补给条件较差。通过火烧岩区以往 MS311 钻孔揭露,3 号煤层已自燃,顶板为厚 19.86 m 的紫红色烧变岩,岩心较完整,钻至该层无漏水现象发生。含水层厚度 19.86 m,埋深 73.52 m,经抽水试验,降深 21.15 m,涌水量 2.851 m^3/d,统降单位涌水量 0.001 61 L/(s · m),渗透系数 0.006 13 m/d,富水性弱。水化学类型为 HCO_3 · SO_4—Na · Mg 型水,矿化度 258.52 mg/L,见表 5-6。

表 5-6　烧变岩区孔洞裂隙水抽水试验成果

井编号	位置	含水岩层				
		地层	深度/m	厚度/m	埋深/m	降深/m
MS311	矿区东南部	火烧岩	143.64~153.68	19.86	73.52	21.15

井编号	涌水量		单位涌水量/[L/(s · m)]	统降单位涌水量/[L/(s · m)]	渗透系数/(m/d)	水化学类型	矿化度/(mg/L)
	m^3/d	L/s					
MS311	2.851	0.033	0.001 56	0.001 61	0.006 13	HCO_3 · SO_4—Na · Mg	258.52

3. 中生界碎屑岩类裂隙孔隙潜水及承压水

根据水力特征划分为 2 个含水岩组,即侏罗系碎屑岩类风化带裂隙潜水及碎屑岩类裂隙承压水。

1) 侏罗系碎屑岩类风化带裂隙潜水

全区分布,均隐伏于新近系静乐组红色黏土之下,含水层为基岩顶部的风化裂隙带,基本上多为 3 号煤层的顶板,一般厚 20 m 左右,裂隙水局部具承压性。据以往矿区西侧七山煤矿和二墩煤矿竖井调查,基岩风化裂隙带内最大涌水量 54.58 ~ 428.21 m^3/d。据以往矿区北部 Y24 钻孔抽水试验成果,含水层厚度 30.43 m,当降深 16.50 m,涌水量 2.07 m^3/d,单位涌水量 0.001 5 L/(s · m),渗透系数 0.003 m/d,富水性弱。水化学类型为 HCO_3—Na · Ca 型,矿化度 286.00 mg/L。

2）碎屑岩类裂隙承压水

以3号煤层为界分上、下2个含水岩段。

（1）3号煤之上碎屑岩类裂隙承压水。分布于3号煤层之上，主要为延安组第四岩性段，厚7.60～41.70 m，平均厚26.41 m。含水层主要为第四段底部真武洞砂岩等。据以往SM503及Y24钻孔抽水试验，埋深12.49～25.25 m，含水层厚31.30～67.93 m，降深28.20～44.95 m，涌水量0.26～4.666 m^3/d，单位涌水量0.001 915 L/(s · m)，渗透系数0.004 92～0.007 m/d，富水性弱。水化学类型为HCO_3—Na · Ca型，矿化度258.52 mg/L，见表5-7。

表5-7 碎屑岩类(3号煤层之上)裂隙承压水抽水试验成果

孔号	含水层段			埋深/m	降深/m	涌水量	
	时代	深度/m	厚度/m			L/s	m^3/d
SM503	J_2y^4	135.87～180.00	31.30	25.25	28.20	0.054	4.666
Y24	J_2y^{3+4}	170.27～250.86	67.93	12.49	44.95	0.003	0.26

孔号	单位涌水量/[L/(s · m)]	统降单位涌水量/[L/(s · m)]	渗透系数/(m/d)	水化学类型	矿化度/(mg/L)	备注
SM503	0.001 915	0.001 966	0.004 92	HCO_3—Na · Ca	258.52	矿区内
Y24	0.000 1	0.000 1	0.007			矿区北部

（2）3号煤之下碎屑岩类孔隙裂隙承压水。分布于3号煤层至延安组底界之间层段中。岩性主要为浅灰色粉、细砂岩与深灰色泥岩不等厚互层夹煤层，因埋藏深，岩石较完整，裂隙不发育，含水层较薄，故富水性极弱。水化学类型为Cl—Na型，矿化度均大于1 000 mg/L。

5.3.4.3 隔水层

麻黄梁井田内隔水层主要为静乐组红土及基岩段中泥岩类。

1.静乐组红土

广布全区，厚56.11～114.84 m，平均厚82.84 m，见图5-7。岩性为棕红色黏土及粉砂质黏土，具褐色斑块，白色网纹，夹多层钙质结核层及钙板，较致密，为第四系潜水与基岩裂隙水间良好的隔水层。

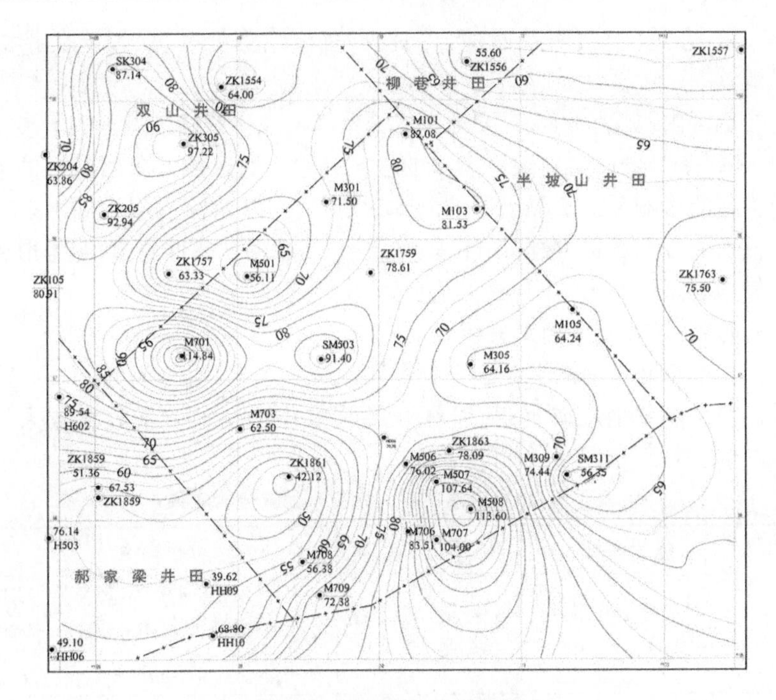

图5-7 静乐组红土等厚线

2. 泥岩类

在基岩中,厚度较大且连续分布的泥岩、粉砂质泥岩、泥质粉砂岩及部分粉砂岩等泥岩类,与含水层相间分布,厚度一般为10~40 m,为层间裂隙承压水的隔水层。

5.3.4.4 地下水补、径、排条件

本区地貌形态为黄土梁岗区及滩地区,其上多为现代风积沙堆积,故第四系松散含水层潜水以大气降水补给为主,部分为沙漠凝结水及灌溉回归水补给。地下水的径流主要受地形地貌的控制,流向由高至低与现代地形吻合,即大体由矿区向东南、南及西南方向径流。排泄是在其三方的沟谷源头以泉或泄流的形式补给地表溪流,次为蒸发消耗、垂向渗漏和人工开采。

基岩风化带裂隙水,因受其上覆红土隔水层的制约,主要接受矿区外围同一含水层的侧向补给。其径流方向与松散层潜水的径流方向大

体一致,亦是向东、南及西南方向沟谷基岩出露处径流,以泉的形式排泄。

矿区内基岩承压水主要通过区域上基岩风化裂缝带潜水的下渗补给,还接受基岩裸露地段地表水的渗入补给。受区域上向西微倾的单斜构造的影响及上下隔水层的制约,径流方向基本沿岩层倾向由东向西或西南方向运移,愈向西部,埋藏愈深,交替循环条件愈差,基本形成了较为封闭的储水空间,故水量小,水质差。

5.3.4.5　矿井充水因素分析

1. 以往的矿井充水因素分析成果

根据麻黄梁煤矿资料,以往开展的矿井水充水因素分析成果见表 5-8。

表 5-8　以往开展的矿井水充水因素分析成果

序号	成果名称	矿井充水层组	分析结论
1	麻黄梁井田勘探报告(2008 年)	3 号煤顶板基岩裂隙水	3 号煤层开采后导水裂隙带均未与上覆第四系潜水沟通,预测矿井水量 1 425 m^3/d
2	麻黄梁煤矿补充勘探报告(2011 年)	3 号煤顶板含水层(延安组第四段砂岩裂隙承压水)	由于红土隔水层的存在,导水裂隙带发育高度没有沟通第四系含水层,预测正常矿井水量 4 344 m^3/d
3	麻黄梁煤矿地质报告(2018 年)	3 号煤顶板含水层(延安组第四段砂岩裂隙承压水)	导水裂隙带发育高度均已穿过煤层上覆基岩,但未波及黄土弱含水层及萨拉乌苏组含水层。由于红黏土厚度大,胀缩性强,虽导水裂隙带发育至红土层,但在红土中形成的裂隙基本上全都封闭,故基岩裂隙水与第四系松散层潜水沟通的可能性很小。正常矿井水量 4 080 m^3/d,最大矿井水量 6 120 m^3/d

续表5-8

序号	成果名称	矿井充水层组	分析结论
4	麻黄梁煤矿水文地质类型划分报告（2018年）	3号煤顶板含水层（延安组第四段砂岩裂隙承压水）	导水裂隙带发育高度均已穿过煤层上覆基岩，但未波及黄土弱含水层及萨拉乌苏组含水层。预测正常矿井水量3 960 m^3/d，最大矿井水量5 112 m^3/d

2. 本次矿井水充水因素分析

（1）大气降水：麻黄梁井田内地表第四系广布，其上多被现代风积沙覆盖，大气降水均渗入地下，成为松散岩类孔隙潜水。区内多年平均降水量410 mm，降水多集中在7～9月，占全年降水量的65.5%，历史日最大降水量达141.7 mm。大气降水为矿床间接充水水源。

（2）地表水：麻黄梁井田内无地表水系发育。

（3）老窑积水：麻黄梁煤矿2008年12月15日开工建矿，2012年4月正式投产，一直开采3号煤层，目前煤矿开采30308工作面，工作面以南的30109等工作面采空区积水存在一定威胁，矿方应做好相应探放水工作。麻黄梁井田不存在周边老窖水充水威胁。根据3号煤层底板等高线，地层走向属北低东高，各采空区积水情况见表5-9、图5-8。

表5-9 麻黄梁煤矿采空区积水情况一览

工作面		积水面积/m^2	积水高度/m	积水量/m^3
30204	西部	63 032	2.0	97 857.2
	东部	58 085	1.6	90 177.0
30202	—	66 923	1.3	100 866
30201	西部	49 497	1.3	74 616
	东部	63 753	1.9	96 107.6
30203	—	101 818	1.6	153 490.0
30205	—	47 166	2.3	71 102.7
30207	西部	34 035	2.2	51 307.8
	东部	60 490	0.7	91 188.7

续表 5-9

工作面		积水面积/m^2	积水高度/m	积水量/m^3
30106	—	84 392	2.3	138 613.9
30104	—	92 730	1.7	152 309
30102	—	89 963	1.1	143 715.9
30101	—	42 478	2.7	67 858.6
30103	—	54 874	3.5	82 722.6
30105	—	61 220	2.7	92 289.2
30109	—	39 408	1.0	59 407.6
合计	—	1 009 864	—	1 563 629.8

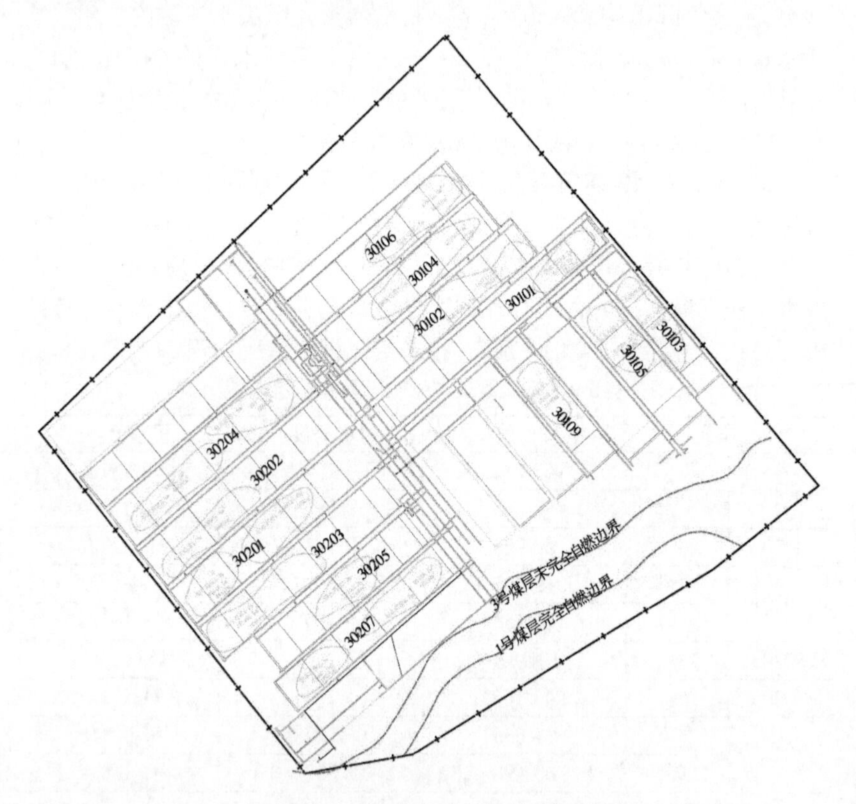

图 5-8 采空区积水分布示意图

目前煤矿开采30308工作面,根据煤层底板标高(见图5-9),北部、东部采空区积水对其影响较小,但30308工作面以南的30109等工作面采空区积水存在一定威胁,矿方应做好相应探放水工作。

麻黄梁井田周边分布有:西部郝家梁煤矿、北部双山煤矿、东北部柳巷煤矿,东部半坡山井田,南部为火烧区,详见图5-10。其中,郝家梁井田靠近麻黄梁井田边界处没有采掘活动;双山井田靠近麻黄梁井田边界处为双方工业广场压覆资源,目前也不涉及开采活动;柳巷井田与麻黄梁井田相邻边界为麻黄梁镇,镇区内建筑物密且人口密度大,对于压覆资源目前双方均没有涉及开采;半坡山井田目前没有权属,没有开采。因此,麻黄梁井田不存在周边老窨水充水威胁。

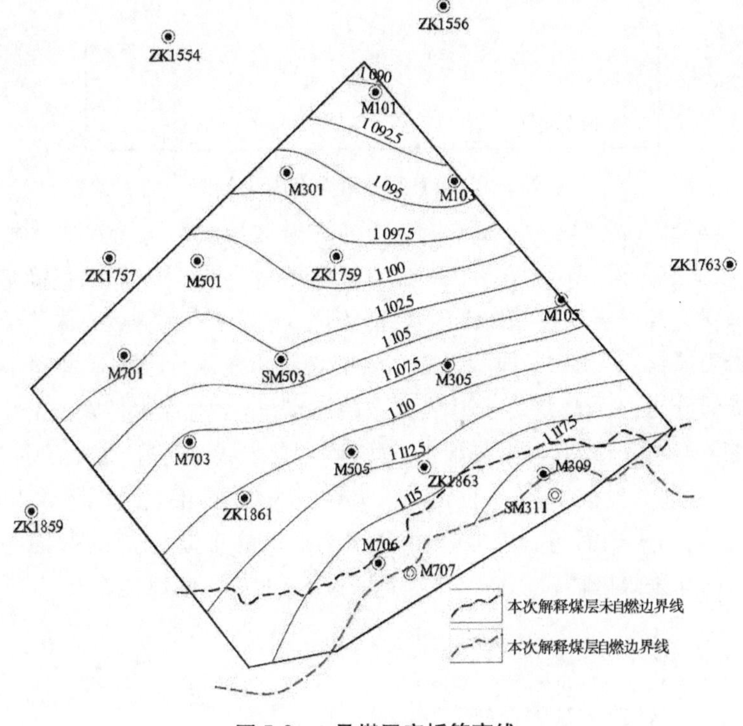

图5-9 3号煤层底板等高线

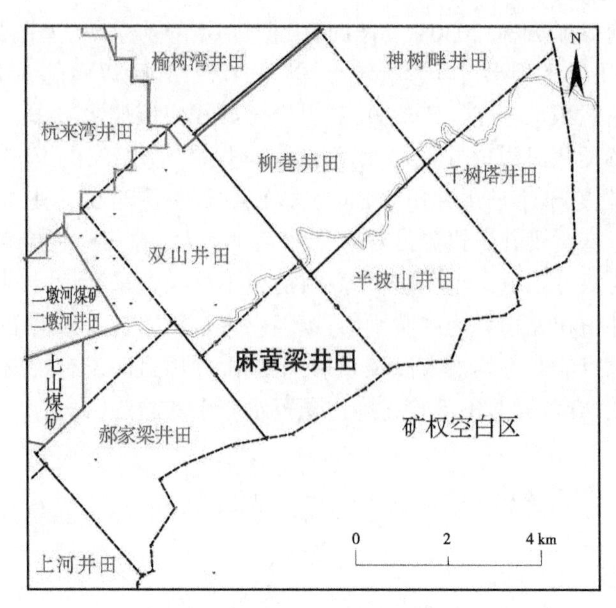

图 5-10　麻黄梁井田周边井田分布

(4)地下水对矿井开采的影响:考虑全区地质情况与水文地质特征,根据麻黄梁煤矿导水裂隙带发育高度预测结果可知,矿井直接充水含水层为各煤层顶板基岩裂隙水,即为烧变岩区孔洞裂隙水、侏罗系碎屑岩类风化壳裂隙水、侏罗系碎屑岩类裂隙承压水。根据矿井抽水试验资料分析,3 号煤层之上砂岩含水层涌水量较小,富水性弱。3 号煤层之下岩石完整性较好,裂隙不发育,砂岩含水层厚度薄,含水微弱,渗透系数、涌水量很小,富水性极弱。火烧岩区孔洞裂隙水分布于井田的东南部,当采掘面与其沟通时,可能成为矿坑的直接充水水源,因此火烧岩区与采煤区需按照防治水规定留设 50 m 的隔水煤柱。

5.3.5　矿井水量预测

5.3.5.1　计算方法的选择

根据《煤矿床水文地质、工程地质及环境地质勘查评价标准》(MT/T 1091—2008),常用的矿井水量计算方法主要有水文地质比拟法(富水系数法、单位用水量比拟法)、解析法(大井法、水平廊道法)等。本次论证采用水文地质比拟法对麻黄梁煤矿涌水量进行预测,再对各预测成果进行分析,以确定合理的矿井水水量。

5.3.5.2　解析法预测矿井水量

1. 预测原则

(1)预测范围:根据麻黄梁煤矿采掘进度及计划,未来5年内均开采井田南部区的3号煤层,按照南部区3号煤层火烧边界线以北区域进行预测,面积约3.8 km^2。

(2)预测方法:《基坑工程手册(第2版)》解释了解析法中大井法和水平廊道法等两种方法适用范围:长宽比值小于10的视为辐射流,即可将巷道系统假设为一个理想大井,采用大井法进行预测;比值大于10的视为平行流,即将其概化为水平廊道,采用水平廊道法进行预测。麻黄梁煤矿井田长宽比约为1.0,符合大井法适用条件,本论证也采用大井法预测其矿井水量。

(3)考虑到导水裂隙带高度达不到第四系含水层,因此第四系含水层对矿井充水基本无影响,井田主要充水水源来源于3号煤层顶板以上的碎屑岩裂隙水。

(4)利用现有抽水钻孔资料,结合井田地形地貌及井田含水层水文地质条件及特征,不考虑大气降水及枯水期、丰水期,对相应开采区域矿井水量进行预测。

(5)不考虑非正常开采及施工导致的意外性突水事故,仅以正常导水裂隙所能导通的含水层形成的地下水渗流场模式。

2. 预测公式选取

预测公式选取及参数概念一览见表5-10。

3. 解析法矿井水量预测

根据麻黄梁煤矿地测部门提供的井田内及周边水文孔相关资料(含水层厚度、渗透系数、水头高度、降深)等,预测麻黄梁煤矿矿井水量结果见表5-11。

表 5-10 麻黄梁煤矿预测矿井水公式一览

<table>
<tr><th colspan="2">计算方法</th><th>矿井水量预测公式</th><th>引用半径计算公式</th><th>引用影响半径计算公式</th></tr>
<tr><td rowspan="2">大井法</td><td>顶板公式</td><td>$Q=\frac{1.366K(2HM-M^2-h_w^2)}{\lg R_0-\lg r_0}$</td><td>$r_0=\sqrt{\frac{F}{\pi}}$</td><td>$R_0=r_0+R$;
$R=10S\sqrt{K}$</td></tr>
<tr><td>公式参数概念</td><td colspan="3">Q—矿井水量,m^3/d;M—含水层厚度,m,采用本井田水文孔参数的平均值; K—渗透系数,m/d,采用本井田水文孔参数的平均值; H—承压水从井底算起的水头高度,m;S—水位降深;h_w—含水层疏干过程中含水层剩余厚度,m,取值0;R_0—引用影响半径,m;r_0—引用半径,m;F—开采区域面积,m^2;R—影响半径,m</td></tr>
</table>

表 5-11 大井法预测矿井水量结果

含水层	孔号	含水层厚度/m	降深/m	引用半径/m	引用影响半径/m	渗透系数/(m/d)	矿井水量预测结果/(m^3/d)
3号煤上覆基岩含水层段	M507	8.86	38.78	1 099.81	1 352.33	0.424	—
	M508	5.20	36.89	1 099.81	1 288.63	0.262	—
	M708	12.50	85.97	1 099.81	1 456.35	0.172	—
	M709	20.62	88.83	1 099.81	1 326.28	0.065	—
	均值	11.80	62.62	1 099.81	1 355.90	0.182 479	3 670

大井法预测的正常矿井水量为 3 670 m^3/d,按照《数值修约规则》(GB/T 8170—2008)将矿井水量修约为 3 700 m^3/d,根据麻黄梁煤矿近年来地质报告成果以及多年的矿井水量实测值,可知最大矿井水量约为正常矿井水量的 1.14 倍,则大井法预测本矿井最大矿井水量为

4 218 m^3/d，按照《数值修约规则》(GB/T 8170—2008)将矿井水量修约为 4 200 m^3/d。

5.3.5.3　富水系数法预测矿井水量

1. 计算公式

(1)富水系数的计算公式为

$$K_p = \frac{Q_0}{P_0}$$

式中：K_p 为富水系数，m^3/t；Q_0 为比拟煤矿的矿井水量，m^3/d；P_0 为比拟煤矿的产量，t/d。

(2)矿井水量的计算公式为

$$Q = K_p P$$

式中：Q 为本矿的矿井水量，m^3/d；P 为本矿的产量，t/d。

2. 比拟对象选择

麻黄梁井田已开采多年，累积了较长系列的产量与矿井水量数据，故采用自身作为比拟对象。麻黄梁煤矿提供的长系列矿井水量数据以及 2018 年 1 月至 2021 年 6 月的煤炭实际产量数据计算的富水系数见表 5-12、图 5-11 与图 5-12。

表 5-12　麻黄梁煤矿矿井水量统计和富水系数计算

时间(年-月)	产量/万 t	矿井水量/m^3	K_p/(m^3/t)	时间(年-月)	产量/万 t	矿井水量/m^3	K_p/(m^3/t)
2018-01	17.38	65 760	0.378	2019-01	13.4	89 040	0.664
2018-02	19.2	62 160	0.324	2019-02	3.45	79 536	2.305
2018-03	18.2	68 640	0.377	2019-03	18.7	92 760	0.496
2018-04	17.6	60 720	0.345	2019-04	22.56	91 680	0.406
2018-05	17	67 200	0.395	2019-05	26.5	101 688	0.384
2018-06	17.44	78 720	0.451	2019-06	22.31	98 880	0.443
2018-07	19.9	91 272	0.459	2019-07	20.95	108 384	0.517

续表 5-12

时间（年-月）	产量/万 t	矿井水量/m^3	K_P/(m^3/t)	时间（年-月）	产量/万 t	矿井水量/m^3	K_P/(m^3/t)
2018-08	20.87	91 680	0.439	2019-08	19.5	106 152	0.544
2018-09	20.2	87 552	0.433	2019-09	20.5	107 520	0.524
2018-10	21.05	81 600	0.388	2019-10	23.04	98 712	0.428
2018-11	21.56	72 960	0.338	2019-11	21.88	96 000	0.439
2018-12	20.6	94 992	0.461	2019-12	26.65	97 224	0.365
均值	19.25	76 938	0.399	均值	21.45	98 912	0.474
时间（年-月）	产量/万 t	矿井水量/m^3	K_P/(m^3/t)	时间（年-月）	产量/万 t	矿井水量/m^3	K_P/(m^3/t)
2020-01	13.3	102 432	0.770	2021-01	13.67	95 990	0.702
2020-02	4.25	90 960	2.140	2021-02	5.09	105 818	2.079
2020-03	15.6	100 944	0.647	2021-03	18.6	89 662	0.482
2020-04	28.6	102 480	0.358	2021-04	23.64	98 666	0.417
2020-05	27.55	112 848	0.410	2021-05	23.4	92 205	0.394
2020-06	24.49	103 920	0.424	2021-06	26.4	106 374	0.403
2020-07	24.69	106 078	0.430	—	—	—	—
2020-08	21.78	105 978	0.487	—	—	—	—
2020-09	22.45	103 776	0.462	—	—	—	—
2020-10	19.32	101 018	0.523	—	—	—	—
2020-11	18.3	93 696	0.512	—	—	—	—
2020-12	18.43	86 695	0.470	—	—	—	—
均值	21.32	101 805	0.499	均值	21.14	96 579	0.479

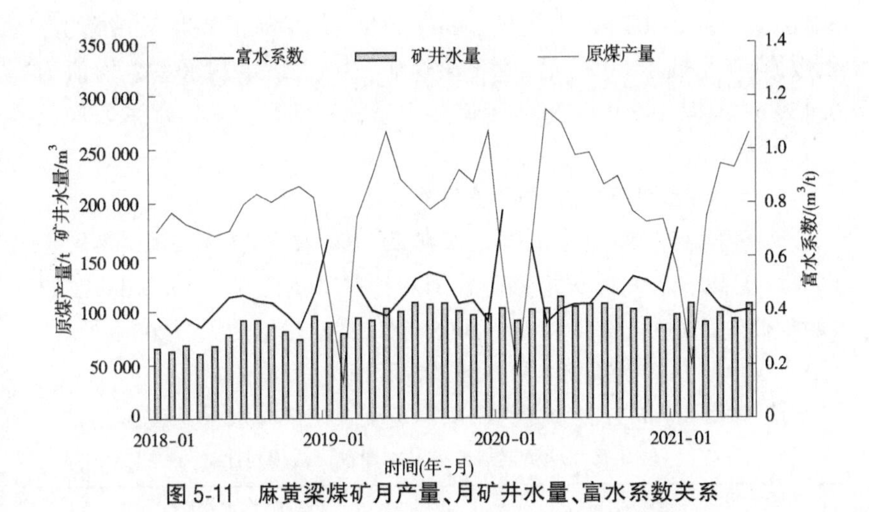

图 5-11　麻黄梁煤矿月产量、月矿井水量、富水系数关系

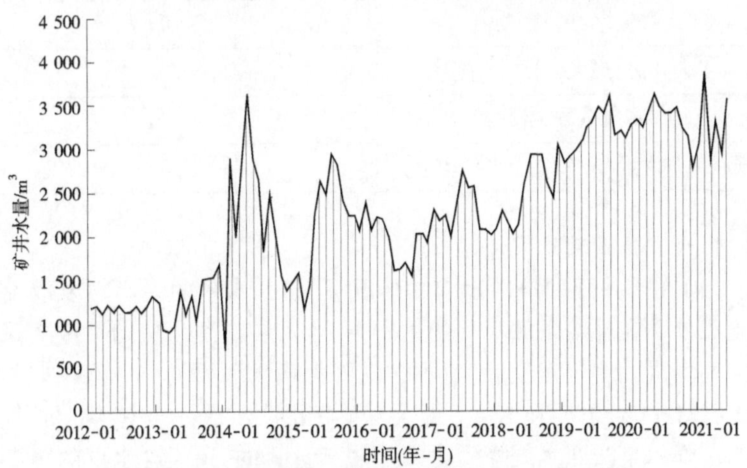

图 5-12　麻黄梁煤矿矿井水量多年日均值变化曲线

2018~2020 年间麻黄梁煤矿年产量较为稳定，逐年达产率均在 95%以上，每年年初受春节假期影响，2 月产量较低。矿井水量在 2012~2021 年间呈现出稳定增长并趋于平稳的趋势，可划分为两大阶段：平稳增长期为 2012~2018 年矿井水量最大值 3 032 m^3/d，最小值 906 m^3/d，均值 1 944 m^3/d；稳定期(2019~2021 年)矿井水量最大值 3 608

m^3/d,最小值 2 764 m^3/d,均值 3 247 m^3/d。剔除非正常生产工况的产量数据(产量低于 80%)后,麻黄梁煤矿 2018~2021 富水系数均值为 0.459 m^3/t,其中 2019~2021 年矿井水量稳定期煤矿月富水系数均值为 0.485 m^3/t。

3. 富水系数法预测矿井水量结果

麻黄梁煤矿核定生产能力为 240 万 t/a,采用 2019~2020 年稳定期 K_P = 0.485 m^3/t,麻黄梁煤矿开采后矿井水量为 3 189 m^3/d。按照《数值修约规则》(GB/T 8170—2008)将矿井水量修约为 3 200 m^3/d。

5.3.5.4　矿井水量预测结果评述及推荐值

论证采用不同方法预测得出的麻黄梁煤矿矿井水量见表 5-13。

表 5-13　麻黄梁煤矿矿井水量预测成果对比　　单位:m^3/d

计算方法	矿井水量
大井法(均值)预测值	3 700
大井法(最大值)预测值	4 200
吨煤富水系数法预测值	3 200
现状矿井水量(2021 年上半年均值)	3 200

1. 大井法预测结果评述

(1)在矿井开采条件确定的情况下,矿井水量的大小主要取决于补给条件。在补给条件不利的情况下,含水层矿井水量随水位降深的增大而增大到一定程度后,就不会随降深增大而再增大。但在矿井水量的计算中,合适的降深值 S 是无法确定的。本次计算中,煤层顶板进水水位降深是按照水位降到含水层底板计算的,顶板含水层的降深值偏大,相应计算出的矿井水量也较实际偏大。

(2)根据《地下水资源分类分级标准》(GB 15218—2021),本次大井法的计算结果精度相当于 D 级。预测值误差较大的主要原因如下:

①因抽水井布置较少,计算结果有一定的误差。

②本次所采用的大井法是基于稳定流理论推导的地下水动力学计算公式,它要求地下水有比较充分的补给条件,要求在该水平开采的几

年到几十年内,矿井排水计算的地下水影响半径边界上的水头高度永远稳定在计算采用的高度上与实际情况会有一定的出入。

③本次大井法的预测范围为麻黄梁井田南部区,但不涉及东南部的烧变岩区,未来应注意烧变岩层出露区的保水开采。

2. 富水系数法预测的矿井水量评述

富水系数法是一种半经验计算方法,这是因为矿井水量和开采量之间严格意义上不是线性关系,矿井水量除与矿井开采量有关外,还与开采方法及井田内部的水文地质条件有关。从麻黄梁煤矿已有开采资料分析,该区长期矿井水量和矿井开采原煤量基本上成正相关关系,而矿井水量随着采面的推移,逐渐呈现出平稳增加后区域稳定的趋势,本次富水系数法预测的水量小于现状个别月份的矿井水量,因此本次不采用该法预测结果。

3. 综合评述

从煤矿多年台账资料综合考虑,本次论证采用大井法计算均值的3 700 m^3/d 作为麻黄梁煤矿正常矿井水量,将大井法(最大值)预测结果4 200 m^3/d 作为麻黄梁煤矿最大矿井水量。

矿井开采和井下疏排是一个长期渐变过程,麻黄梁煤矿在未来采掘过程中要加强对"三带"的观测以及烧变岩区的保水开采,持续研究其对矿井开采及矿井水量的影响,做好探放水工作。

5.3.6　矿井水水质评价

为了解麻黄梁煤矿矿井水处理站的处理效果,论证单位委托有资质的第三方监测机构于2021年7月8日对麻黄梁煤矿矿井水处理站出口水质进行取样,选取的监测因子为《地表水环境质量标准》(GB 3838—2002)表1、表2以及《农田灌溉水质标准》(GB 5084—2021)表1、表2中的指标;对采空区清污分流的清水进行取样,选取的监测因子为《生活饮用水卫生标准》(GB 5749—2006)表1、表3中的指标。对检测因子的检测值,采用单因子法进行评价。评价结果见表5-14、表5-15。

表 5-14 2021 年 7 月 8 日矿井水处理站出口水质评价结果

标准	检测项目	检测结果	标准限值	评价结果
《地表水环境质量标准》(GB 3838—2002)表 1、表 2	水温℃	16.5	—	—
	pH 值	8.06	6~9	合格
	溶解氧/(mg/L)	6.8	≥5	合格
	高锰酸盐指数/(mg/L)	0.8	≤6	合格
	化学需氧量/(mg/L)	10	≤20	合格
	五日生化需氧量/(mg/L)	2.6	≤4	合格
	氨氮/(mg/L)	0.236	≤1.0	合格
	总磷/(mg/L)	0.05	≤0.2	合格
	总氮/(mg/L)	0.96	≤1.0	合格
	铜/(mg/L)	1×10^{-3}ND	≤1.0	合格
	锌/(mg/L)	0.05ND	≤1.0	合格
	氟化物/(mg/L)	0.35	≤1.0	合格
	硒/(mg/L)	4×10^{-4}ND	≤0.01	合格
	砷/(mg/L)	3×10^{-4}ND	≤0.05	合格
	汞/(mg/L)	4×10^{-5}ND	≤0.000 1	合格
	镉/(mg/L)	1×10^{-3}ND	≤0.005	合格
	六价铬/(mg/L)	0.011	≤0.05	合格
	铅/(mg/L)	0.010ND	≤0.05	合格
	氰化物/(mg/L)	0.001ND	≤0.2	合格
	挥发酚/(mg/L)	3×10^{-4}ND	≤0.005	合格
	石油类/(mg/L)	0.01ND	≤0.05	合格
	阴离子表面活性剂/(mg/L)	0.05ND	≤0.2	合格
	硫化物/(mg/L)	5×10^{-3}ND	≤0.2	合格
	粪大肠菌群 MPN/L	2.5×10^{3}	≤100 00	合格
	硫酸盐(以 SO_4^{2-} 计)/(mg/L)	126	250	合格
	氯化物(以 Cl^- 计)/(mg/L)	17	250	合格
	硝酸盐/(mg/L)	0.25	10	合格
	铁/(mg/L)	0.03ND	0.3	合格
	锰/(mg/L)	0.01ND	0.1	合格

续表 5-14

标准	检测项目	检测结果	标准限值	评价结果
《农田灌溉水质标准》(GB 5084—2021)表1、表2中旱地作物指标限值	悬浮物/(mg/L)	8	≤15	合格
	全盐量/(mg/L)	369	≤1 000	合格
	蛔虫卵数/(个/10 L)	5ND	≤10	合格
	镍/(mg/L)	0.05ND	≤0.2	合格
	硼/(mg/L)	0.28	≤1	合格
	苯/(mg/L)	2×10^{-3}ND	≤2.5	合格
	甲苯/(mg/L)	2×10^{-3}ND	≤0.7	合格
	二甲苯/(mg/L)	6×10^{-3}ND	≤0.5	合格
	异丙苯/(mg/L)	2×10^{-3}ND	≤0.25	合格
	苯胺/(mg/L)	0.03ND	≤0.5	合格
	三氯乙醛/(mg/L)	1×10^{-3}ND	≤0.5	合格
	丙烯醛/(mg/L)	5.12×10^{-3}ND	≤0.5	合格
	氯苯/(mg/L)	0.012ND	≤0.3	合格
	1,2-二氯苯/(mg/L)	2.9×10^{-4}ND	≤1.0	合格
	1,4-二氯苯/(mg/L)	2.3×10^{-4}ND	≤0.4	合格
	硝基苯/(mg/L)	1.7×10^{-4}ND	≤2.0	合格
	色、臭、味	无色、无异臭、无异味	无异色、无异味、无异臭	合格
	漂浮物质	无明显油膜或浮沫	无明显油膜或浮沫	合格
	总大肠菌群 MPN/L	5.4×10^{3}	≤5 000	合格

注:ND 表示未检出,ND 前数字为相应项目的检出限。

表 5-15　2021 年 7 月 8 日采空区矿井水水质评价结果

标准	检测项目	检测结果	标准限值	评价结果
微生物指标	总大肠菌群 MPN/100 mL	未检出	不得检出	合格
	菌落总数 CFU/mL	38	100	合格
	大肠埃希氏菌 MPN/100 mL	未检出	不得检出	合格
	耐热大肠菌群 MPN/100 mL	未检出	不得检出	合格
	贾第鞭毛虫/(个/10 L)	未检出	<1	合格
	隐孢子虫/(个/10 L)	未检出	<1	合格
毒理指标	甲醛/(mg/L)	0. 05ND	0. 9	合格
	三卤甲烷/(mg/L)	未检出	实测浓度与限值比值之和≤1	合格
	二氯甲烷/(mg/L)	3.0×10^{-5}ND	0. 02	合格
	1,2—二氯乙烷/(mg/L)	6.0×10^{-5}ND	0. 03	合格
	1,1,1—三氯乙烷/(mg/L)	8.0×10^{-5}ND	2	合格
	三溴甲烷/(mg/L)	1.2×10^{-4}ND	0. 1	合格
	一氯二溴甲烷/(mg/L)	4.0×10^{-4}ND	0. 1	合格
	二氯一溴甲烷/(mg/L)	8.0×10^{-5}ND	0. 06	合格
	环氧氯丙烷/(mg/L)	2.0×10^{-4}ND	0. 000 4	合格
	氯乙烯/(mg/L)	1.7×10^{-4}ND	0. 005	合格
	1,1—二氯乙烯/(mg/L)	1.2×10^{-4}ND	0. 03	合格
	1,2—二氯乙烯/(mg/L)	1.8×10^{-4}ND	0. 05	合格
	三氯乙烯/(mg/L)	1.9×10^{-4}ND	0. 07	合格
	四氯乙烯/(mg/L)	1.4×10^{-4}ND	0. 04	合格
	六氯丁二烯/(mg/L)	1.1×10^{-4}ND	0. 000 6	合格
	二氯乙酸/(mg/L)	2.0×10^{-3}ND	0. 05	合格
	三氯乙酸/(mg/L)	1.0×10^{-3}ND	0. 1	合格
	三氯乙醛/(mg/L)	1×10^{-3}ND	0. 01	合格
	苯/(mg/L)	7×10^{-4}ND	0. 01	合格
	甲苯/(mg/L)	1×10^{-3}ND	0. 7	合格
	二甲苯/(mg/L)	5×10^{-3}ND	0. 5	合格
	乙苯/(mg/L)	2×10^{-3}ND	0. 3	合格
	苯乙烯/(mg/L)	2×10^{-3}ND	0. 02	合格

续表 5-15

标准	检测项目	检测结果	标准限值	评价结果
毒理指标	2,4,6—三氯酚/(mg/L)	4.0×10^{-5}ND	0.2	合格
	氯苯/(mg/L)	4.0×10^{-5}ND	0.3	合格
	1,2—二氯苯/(mg/L)	3.0×10^{-5}ND	1	合格
	1,4—二氯苯/(mg/L)	3.0×10^{-5}ND	0.3	合格
	三氯苯/(mg/L)	2.7×10^{-4}ND	0.02	合格
	邻苯二甲酸二(2—乙基己基)酯/(mg/L)	2×10^{-3}ND	0.008	合格
	丙烯酰胺/(mg/L)	5.0×10^{-5}ND	0.000 5	合格
	微囊藻毒素—LR/(mg/L)	6.0×10^{-5}ND	0.001	合格
	灭草松/(mg/L)	2.0×10^{-4}ND	0.3	合格
	百菌清/(mg/L)	4.0×10^{-4}ND	0.01	合格
	溴氰菊酯/(mg/L)	2.0×10^{-4}ND	0.02	合格
	乐果/(mg/L)	5.7×10^{-4}ND	0.08	合格
	2,4—滴/(mg/L)	5.0×10^{-5}ND	0.03	合格
	七氯/(mg/L)	2×10^{-4}ND	0.000 4	合格
	六氯苯/(mg/L)	3.0×10^{-6}ND	0.001	合格
	林丹/(mg/L)	1.0×10^{-5}ND	0.002	合格
	马拉硫磷/(mg/L)	6.4×10^{-4}ND	0.25	合格
	对硫磷/(mg/L)	5.4×10^{-4}ND	0.003	合格
	甲基对硫磷/(mg/L)	4.2×10^{-4}ND	0.02	合格
	五氯酚/(mg/L)	3.0×10^{-5}ND	0.009	合格
	莠去津/(mg/L)	5×10^{-4}ND	0.002	合格
	呋喃丹/(mg/L)	1.25×10^{-4}ND	0.007	合格
	毒死蜱/(mg/L)	2×10^{-3}ND	0.03	合格
	敌敌畏/(mg/L)	6.0×10^{-5}ND	0.001	合格
	草甘膦/(mg/L)	0.025ND	0.7	合格
	三氯甲烷/(mg/L)	2×10^{-4}ND	0.06	合格
	四氯化碳/(mg/L)	1×10^{-4}ND	0.002	合格
	苯并(a)芘 /(mg/L)	1.4×10^{-6}ND	0.000 01	合格
	滴滴涕/(mg/L)	2.0×10^{-5}ND	0.001	合格

续表 5-15

标准	检测项目	检测结果	标准限值	评价结果
毒理指标	六六六/(mg/L)	1.0×10^{-5}ND	0.005	合格
	氟化物/(mg/L)	0.3	1.0	合格
	氰化物/(mg/L)	2×10^{-3}ND	0.05	合格
	砷/(mg/L)	1.0×10^{-3}ND	0.01	合格
	汞/(mg/L)	1×10^{-4}ND	0.001	合格
	硒/(mg/L)	4×10^{-4}ND	0.01	合格
	镉/(mg/L)	5×10^{-4}ND	0.005	合格
	六价铬/(mg/L)	4×10^{-3}ND	0.05	合格
	铅/(mg/L)	2.5×10^{-3}ND	0.01	合格
	银/(mg/L)	2.5×10^{-3}ND	0.05	合格
	硝酸盐/(mg/L)	0.2ND	10	合格
	溴酸盐/(mg/L)	5.0×10^{-3}ND	0.01	合格
	亚氯酸盐/(mg/L)	0.04ND	0.7	合格
	氯酸盐/(mg/L)	0.23ND	0.7	合格
	锑/(mg/L)	5×10^{-4}ND	0.005	合格
	钡/(mg/L)	0.010ND	0.7	合格
	铍/(mg/L)	2×10^{-4}ND	0.002	合格
	硼/(mg/L)	0.2ND	0.5	合格
	钼/(mg/L)	5×10^{-3}ND	0.07	合格
	镍/(mg/L)	5×10^{-3}ND	0.02	合格
	铊/(mg/L)	1×10^{-5}ND	0.000 1	合格
	氯化氰/(mg/L)	0.01ND	0.07	合格
感官性状和一般化学指标	色度/度	5ND	15	合格
	嗅和味	无异味、无异臭	无异味无异臭	合格
	肉眼可见物	无明显可见物	无	合格
	pH 值	7.97	6.5~8.5	合格
	铝/(mg/L)	0.009	0.2	合格
	钠/(mg/L)	41.8	200	合格

续表 5-15

标准	检测项目	检测结果	标准限值	评价结果
感官性状和一般化学指标	铁/(mg/L)	0.3ND	0.3	合格
	锰/(mg/L)	0.1ND	0.1	合格
	铜/(mg/L)	5×10^{-3}ND	1.0	合格
	锌/(mg/L)	0.05ND	1.0	合格
	硫酸盐(以 SO_4^{2-} 计)/(mg/L)	120	250	合格
	氯化物(以 Cl^- 计)/(mg/L)	17	250	合格
	溶解性总固体/(mg/L)	574	1 000	合格
	总硬度/(mg/L)	305	450	合格
	耗氧量/(mg/L)	1.51	3	合格
	氨氮/(mg/L)	0.447	0.5	合格
	硫化物/(mg/L)	0.02ND	0.02	合格
	浑浊度 NTU	0.6	1	合格
	挥发酚类/(mg/L)	3×10^{-4}ND	0.002	合格
	阴离子合成洗涤剂/(mg/L)	0.050ND	0.3	合格
放射性指标	总 α 放射性 Bq/L	1.6×10^{-2}ND	0.5	合格
	总 β 放射性 Bq/L	2.8×10^{-2}ND	1	合格

注:ND 表示未检出,ND 前数字为相应项目的检出限。

通过监测结果分析,矿井水经现有处理工艺处理后,能够满足《地表水环境质量标准》(GB 3838—2002)Ⅲ类标准以及《农田灌溉水质标准》(GB 5084—2021)表1、表2中旱地作物的指标要求。采空区清污分流的清水水质符合《生活饮用水卫生标准》(GB 5749—2006)表1、表3的标准限值。

根据评价结果可知:

(1)矿井水处理站出水指标均符合《农田灌溉水水质标准》(GB 5084—2021)旱地作物限值要求,可以满足外供村民农田灌溉的用水水质要求。

(2)矿井水处理站出水24项指标均符合《地表水环境质量标准》(GB 3838—2002)表1中Ⅲ类限值要求(总氮不参评)。通过比对《地表水环境质量标准》(GB 3838—2002)指标与煤矿回用水水质指标要求可知，出水水质亦可满足《煤炭工业矿井设计规范》（GB 50215—2015）中“消防洒水用水水质标准”、《煤矿井下消防、洒水设计规范》（GB 50383—2016）中的“井下消防、洒水水质标准”、《煤炭洗选工程设计规范》（50359—2016）中的“选煤用水水质标准”以及《城市污水再生利用 · 城市杂用水水质》（GB/T 18920—2020）中的“绿化洒水水质标准”，可以满足本矿井下生产、洗煤厂及绿化的用水水质要求。

根据表 5-15 可知，采空区矿井水 103 项指标均符合《生活饮用水卫生标准》（GB 5749—2006）中限值要求，可以满足矿区生活用水的用水水质要求。

5.3.7　矿井水处理站规模论证

麻黄梁煤矿矿井水处理站规模为 7 200 m^3/d，采用混凝、沉淀、气浮、过滤工艺处理。麻黄梁井下排水经提升进入调节沉淀池、幅流沉淀池，后经中间水池提升至气浮池，经反应、絮凝、破乳除油、沉淀后，再进入砂滤池过滤后进入复用水池内进行消毒，后回用至矿井生产及辅助生产用水。根据矿方提供的资料，麻黄梁煤矿 2012 ~ 2018 年矿井水量最大值 3 613 m^3/d，均值 1 934 m^3/d；2019 ~ 2021 年矿井水量有所增大，最大值 3 851 m^3/d，均值 3 247 m^3/d。矿井水处理站通过调节，完全能够满足实际矿井水量的日常处理需求。

根据论证预测，随着煤矿满负荷生产，麻黄梁煤矿正常矿井水量约 3 700 m^3/d，最大矿井水量约 4 200 m^3/d，矿井水站处理能力可以满足其处理需求。建议业主在煤矿开采的同时实时监测矿井水变化量，提高矿井水处理效率，保证井下回用，实现矿井水综合利用，同时应做好事故应急预案，避免非正常工况下未经处理的矿井水进入外环境。

5.3.8　矿井水取水可靠性分析

5.3.8.1　政策与经济技术可行性分析

麻黄梁煤矿使用自身矿井水作为生产、生活供水水源，符合国家产业政策要求，有利于水资源利用效率的提高，对于缓解当地水资源矛盾和促进经济发展具有重要意义。从经济技术角度来看，矿井水再生利用技术成熟,目前在国内已得到广泛使用,项目回用自身矿井水在经济技术上是可行的。

5.3.8.2　水量可靠性分析

经前文分析,论证分别采用大井法和水文比拟法对麻黄梁煤矿的矿井水量进行了预测,选取了大井法(均值)预测结果作为本项目的矿井水正常可供水量,水量较为可靠,能够满足煤矿用水需求。

5.3.8.3　水质可靠性分析

麻黄梁煤矿所采用的矿井水常规处理工艺很成熟,应用广泛,矿井水经处理后,可以满足项目生产、生活及辅助生产的用水水质要求。采空区水质符合生活饮用水要求。

综上分析,麻黄梁煤矿以自身矿井水作为生产、生活水源,在水量和水质上是可靠的,对区域水资源的优化配置起着积极的作用。

第6章 取水影响论证研究

6.1 矿井水取水影响论证范围

矿井水取水影响论证范围与取水水源论证范围相同,为麻黄梁井田及井田边界向外延伸500 m的区域,见图5-1。

6.2 矿井水取水影响论证研究

6.2.1 对区域水资源配置影响分析

麻黄梁煤矿将自身的矿井水充分利用于生产和生活,一方面节约了常规水资源,提高了水资源的利用效率;另一方面减少了污染物排放对区域水环境的影响,对区域水资源的优化配置有积极的作用。

6.2.2 对地下水影响分析

6.2.2.1 导水裂隙带发育高度预测

根据三带理论,开采煤层之上存在三带:冒落带、导水裂隙带、弯曲带。冒落带指采矿工作面放顶后引起的直接垮落破坏。裂隙带指冒落带之上,大量出现的切层、离层和断裂隙或裂隙发育带。弯曲带指裂隙带以上至地表的整个范围内岩体发生弯曲下沉的整体变形和沉降移动区,三带示意图见图6-1。

煤矿开采对地下水的影响程度取决于煤层开采后其上覆岩层所形成导水裂隙带的穿透程度。导水裂隙带高度与煤层厚度、煤层倾斜度、采煤方法和岩石力学性质等有关。

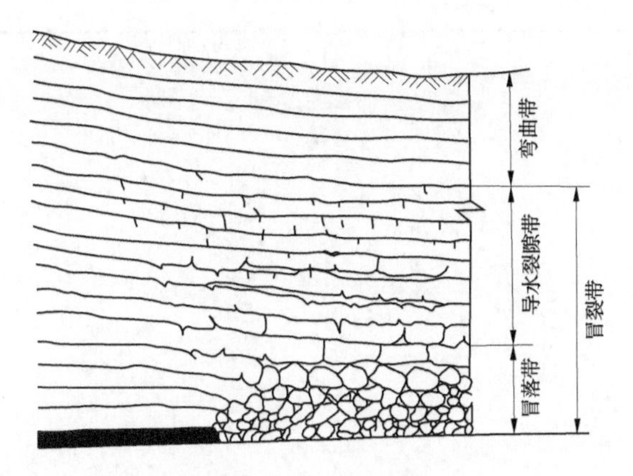

图 6-1　三带示意图

1. 可采煤层特征

麻黄梁井田含煤地层为侏罗系延安组，地层总厚 260.84~277.48 m，平均厚 267.17 m。据以往钻孔资料，延安组第四段不含煤层，第三段含 3 号、3^{-1} 号、4 号、4^{-1} 号煤层，第二段含 5 号、6 号、7 号煤层，第一段含 8 号、9 号煤层。其中，麻黄梁煤矿批准可采煤层 2 层，分别为 3 号、3^{-1} 号煤层。

1) 3 号煤层

该煤层呈层状赋于延安组第三段上旋回的顶部，层位稳定，分布广泛，厚度大，是井田主要可采煤层。该煤层在矿区内除东南部自燃外，基本全区可采，可采面积 7.38 km^2，约占矿区面积的 94.9%。煤层埋深 159.74~240.62 m，一般 170~200 m，底板标高 1 089~1 119 m，煤层厚 7.55~10.36 m，平均厚 9.06 m，煤层厚度由南向北增大，变化规律明显，见图 6-2。

2) 3^{-1} 号煤层

该煤层呈层状产出于延安组第三段上旋回上部，为 3 号煤层下分岔煤层，与 3 号煤层间距为 0.80~6.15 m，平均间距 3.75 m。主要分布于矿区 M701、M501、ZK1759、M105 钻孔连线以南，面积约 5.67 km^2，占全井田面积的 72.9%。煤层埋深 165.22~199.34 m，一般埋深 170~180 m，底板标高 1 095~1 117 m，煤层厚 1.38~1.80 m，平均厚 1.55 m，煤层厚度总体上由南向东北、西北方向厚度增大，变化规律较明显，见图 6-3。

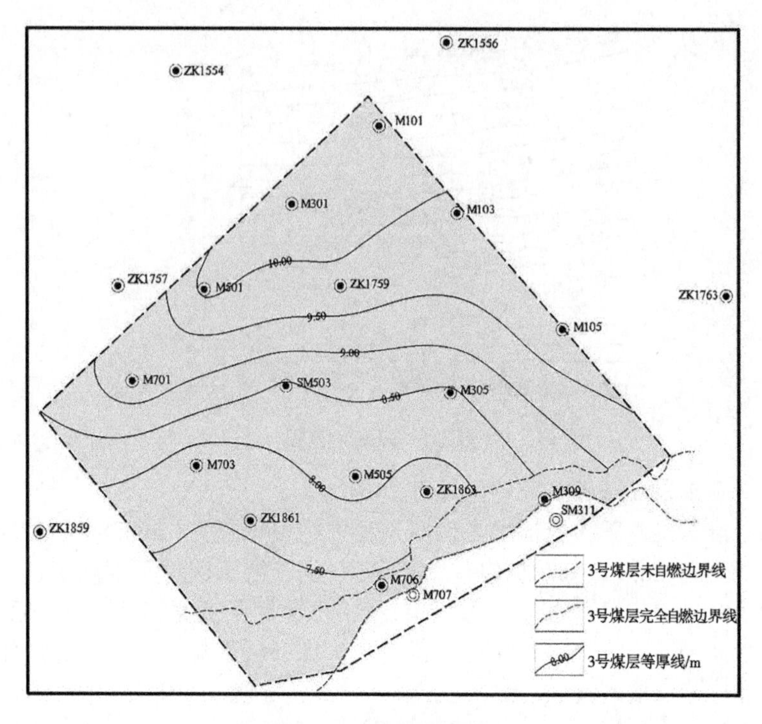

图 6-2　3 号煤层等厚线

2. 导水裂隙带分析基本条件

(1)麻黄梁井田 3 号、3^{-1} 号煤层倾角小，平均倾角小于 1°，其中 3 号煤层厚 7. 55 ~ 10. 36 m，平均厚 9. 06 m，由南向北增大，变化规律明显；3^{-1} 号煤层厚 1. 38 ~ 1. 80 m，平均厚 1. 55 m，煤层厚度总体上由南向东北、西北方向厚度增大，变化规律较明显。

(2)3 号煤层基本顶板全区分布，厚度变化大，一般在 7. 60 ~ 38. 25 m，平均厚 26. 67 m，岩性以细粒及中粒砂岩为主(饱水单轴抗压强度 26. 8 MPa)，粗砂岩次之(饱水单轴抗压强度 10. 8 MPa)。基本顶之下均有直接顶板分布，岩性为泥岩、粉砂质泥岩及泥质粉砂泥岩(饱水单轴抗压强度 11. 5 MPa)，厚 0. 15 ~ 3. 71 m，强度较低。3 号煤层底板为泥岩、粉砂质泥岩等(饱水单轴抗压强度 8. 7 MPa)，厚 0. 23 ~ 3. 35 m，强度较小，属不稳定性底板。

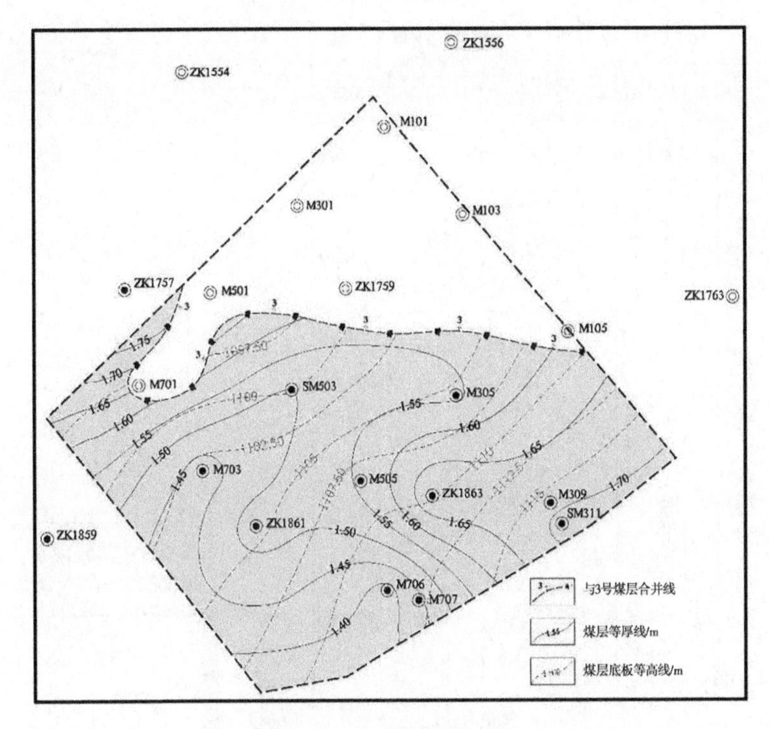

图 6-3　3^{-1} 号煤层等厚线

(3)3^{-1} 号煤矿顶板即为 3 号煤层底板,3^{-1} 号煤矿底板为厚层粉砂岩,泥岩次之,干燥抗压强度 120. 6 MPa,饱水抗压强度 32. 6 MPa,强度较高,属稳定性底板。

(4)3 号煤层采用长壁综采放顶煤采煤法,全部垮落法管理工作面顶板,割煤高度为 3. 8 m,顶煤放落高度一般在 3. 75~6. 56 m,采放比平均在 1:1. 4 左右。工作面采用一采一放的放煤工艺,即采煤机采一刀底煤、放一次顶煤为一个循环,采放平行作业。工作面内按后退式由采区边界向大巷方向回采,回采采用多轮顺序放煤的作业方式。

3. 分析钻孔选取

为尽可能准确反映矿井开采裂隙发育情况,本次利用搜集的有煤厚数据的 14 个钻孔预测裂隙高度,利用其综合柱状图判断裂隙穿过地层情况。搜集的钻孔利用率 100%。钻孔分布图见图 6-4。

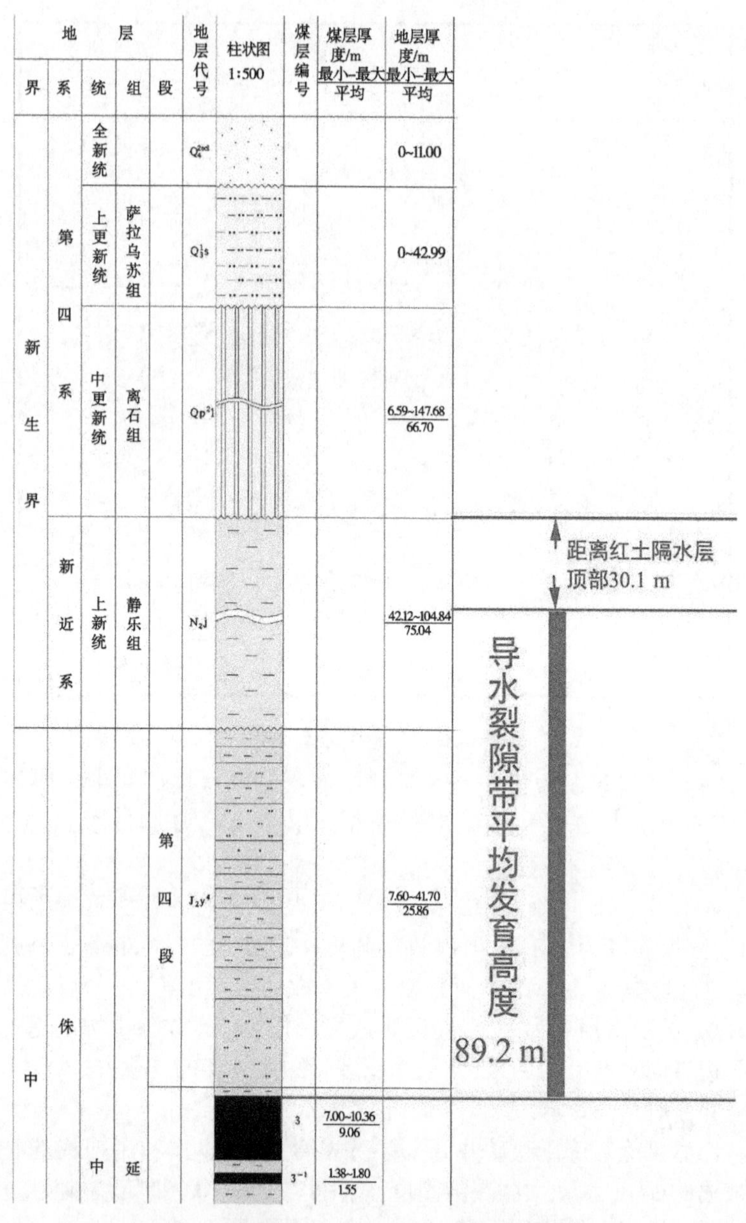

图 6-4 综合柱状图裂隙带发育高度示意图

4. 导水裂隙带计算方法及适用性评述

导水裂隙带计算应当依据本矿区或者附近矿区的导水裂隙带实际探查情况来预测。在没有实际探查资料的情况下，可以采用《矿区水文地质工程地质勘探规范》(GB 12719—2021)(简称“地勘标准”)(见表6-1)、《煤矿床水文地质、工程地质及环境地质勘查评价标准》(MT/T 1091—2008)(见表6-1)、《建筑物、水体、铁路及主要井巷煤柱留设与压煤开采规范》(安监总煤装〔2017〕66号，简称“三下规范”)(见表6-2)中厚煤层导水裂隙带发育高度推荐的计算方法。

表6-1　导水裂隙带最大高度计算公式

煤层倾角/(°)	岩石抗压强度/MPa	岩石名称	顶板管理方法	导水裂隙带最大高度(含冒落带)
0~54	40~60	辉绿岩、石灰岩、硅质石英岩、砾岩、砂砾岩、砂质页岩等	全部陷落	$H_t=100M/(2.4n+2.1)+11.2$
	20~40	砂质页岩、泥质砂岩、页岩等		$H_t=100M/(3.3n+3.8)+5.1$
	<20	风化岩石、页岩、泥质砂岩、黏土岩、第四系和第三系松散层等		$H_t=100M/(5.1n+5.2)+5.1$

注：表中M为累计采厚，m；n为煤分层层数。

表6-2　厚煤层分层开采的垮落带与导水裂隙带高度计算公式

覆岩岩性	垮落带高度	导水裂隙带高度	
		公式一	公式二
坚硬	$H_k=100\Sigma M/(2.1\Sigma M+16)\pm2.5$	$H_{li}=100\Sigma M/(1.2\Sigma M+2.0)\pm8.9$	$H=30\sqrt{(\Sigma M)}+10$
中硬	$H_k=100\Sigma M/(4.7\Sigma M+19)\pm2.2$	$H_{li}=100\Sigma M/(1.6\Sigma M+3.6)\pm5.6$	$H=20\sqrt{(\Sigma M)}+10$
软弱	$H_k=100\Sigma M/(6.2\Sigma M+32)\pm1.5$	$H_{li}=100\Sigma M/(3.1\Sigma M+5.0)\pm4.0$	$H=10\sqrt{(\Sigma M)}+5$
极软弱	$H_k=100\Sigma M/(7.0\Sigma M+63)\pm1.2$	$H_{li}=100\Sigma M/(5.0\Sigma M+8.0)\pm3.0$	—

同时,近年来中国矿业大学学者在榆神矿区开展了综采放顶煤导水裂隙带发育高度的研究,通过统计榆神矿区生产工作面导水裂隙带实测与模型试验,得到拟合公式 $H=9.59M+13.55$,预测效果较好。

5. 导水裂隙带发育高度预测成果评价

对麻黄梁煤矿开采后导水裂隙带发育高度进行预测,预测成果见表 6-3。

表 6-3　麻黄梁井田各钻孔裂隙带发育高度计算成果　单位:m

钻孔号	地勘标准	公式一	公式二	矿大公式	导水裂隙带顶标高	基岩顶标高	红土顶标高	是否穿透红土顶
M101	104.7	66.7	89.7	112.9	1 193.7	1 138.38	1 220.46	否
M103	100.1	66.0	88.0	108.3	1 211.1	1 145.87	1 227.4	否
M105	100.9	66.1	88.3	109.1	1 173.5	1 143.83	1 208.07	否
M301	102.6	66.4	88.9	110.8	1 197.7	1 146.91	1 218.41	否
M305	86.1	63.7	82.4	94.3	1 170.7	1 134.72	1 198.88	否
M309	57.2	49.0	58.6	49.0	1 172.0	1 139.67	1 214.11	否
SM311	29.3	33.4	42.6	30.0	1 150.2	1 141.74	1 198.09	否
M501	102.4	66.3	88.8	110.6	1 182.6	1 152.56	1 208.67	否
SM503	86.1	63.7	82.4	94.3	1 205.4	1 145.14	1 236.54	否
M505	84.3	63.4	81.7	92.6	1 192.3	1 137.73	1 207.93	否
M701	95.5	65.3	86.2	103.7	1 214.7	1 152.36	1 267.2	否
M703	78.6	62.2	79.2	86.8	1 202.6	1 155.25	1 217.75	否
M706	69.3	53.1	64.0	57.3	1 178.6	1 128.91	1 212.42	否

论证煤矿开采对地下水的影响程度主要取决于煤层开采后其上覆岩层所形成导水裂隙带的穿透程度。表 6-3 是利用规范中的公式计算出的“导水裂隙顶端与上覆含水层底界面的相对位置关系”,为了能够更为直观地分析导水裂隙带发育对煤层以上含水层的影响。

由表 6-3 可以看出,几种方法计算的导水裂隙带发育高度均超过基岩顶标高,并穿入红土隔水层,但未发育至第四系潜水含水层,麻黄梁煤矿开采不会造成第四系潜水的漏失,麻黄梁煤矿实际矿井水水量较小且不随季节变化即为佐证;其次,几种方法的计算结果差异较大,需要进一步参考其他类似条件矿井实测资料综合确定导水裂隙带发育高度。麻黄梁煤矿周边已建成的千树塔煤矿于 2018 年投产,设计规模为 120 万 t/a,井田面积约 8.66 km^2,主采煤层为 3 号煤层,煤层厚 9.75~11.21 m,平均厚 10.61 m,倾角小于 1°,采用综采放顶煤方法,均与麻黄梁煤矿类似,且两矿距离较近,地层和水文地质条件相似,根据调研资料,千树塔煤矿平均导水裂隙带发育高度为 80~110 m,与根据"三下规范"公式二和矿大公式的计算结果较为接近,偏于安全考虑,本次选择中国矿业大学的研究公式,并据此绘制麻黄梁井田综合柱状图裂隙带发育高度示意图见图 6-4;分别在井田 A—A′号勘探线、B—B′号勘探线中添加导水裂隙发育高度曲线(见图 6-5),绘制了一张裂隙带发育高度剖面图(见图 6-6、图 6-7);最后,为更全面地反映全井田的裂隙带发育高度分布情况,本报告根据井田和周边钻孔,利用插值法绘制了全井田的裂隙发育高度距离上部红土隔水层顶部的等厚线图(见图 6-8)。

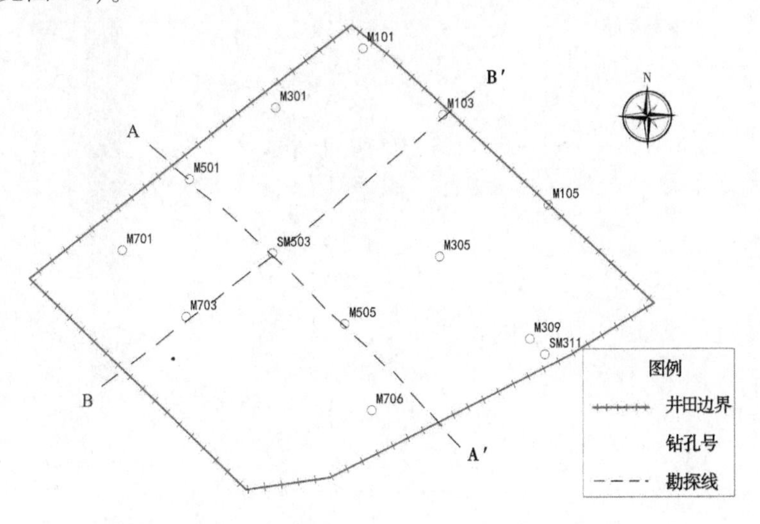

图 6-5　导水裂隙带发育高度预测采用钻孔、剖面位置示意图

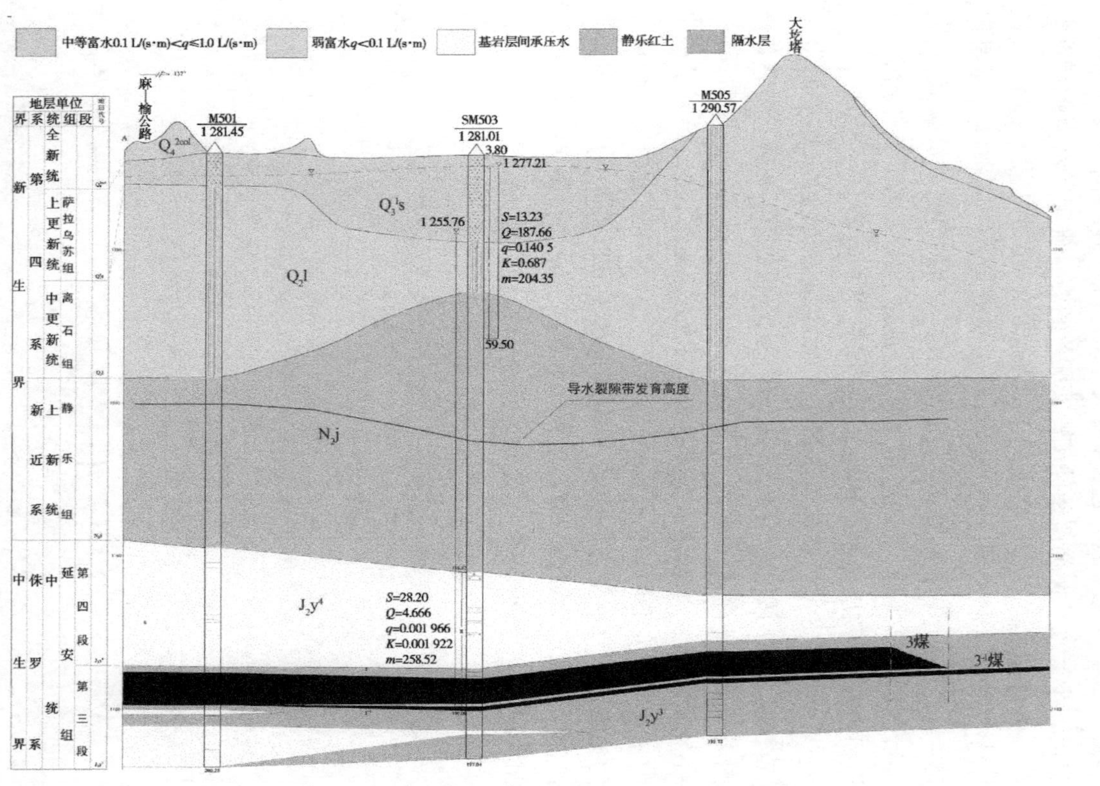

图 6-6　A—A′号勘探线剖面裂隙发育高度示意图

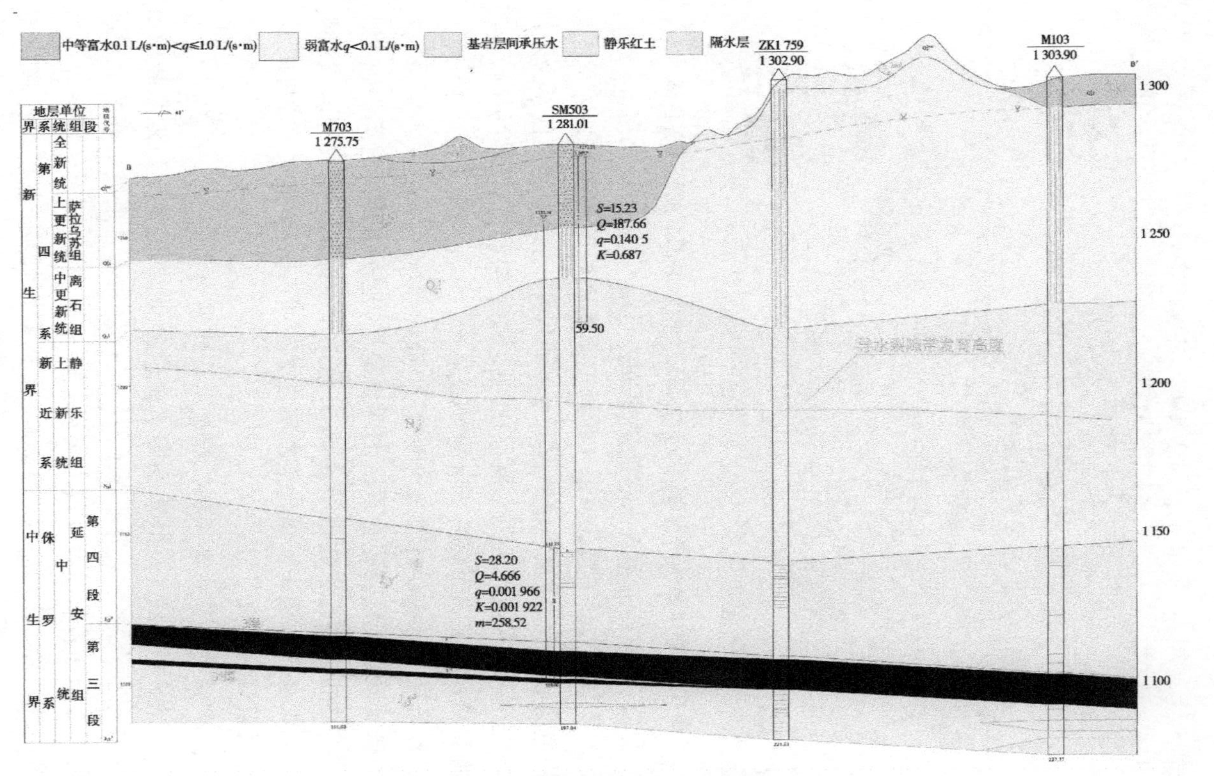

图6-7　B—B′号勘探线剖面裂隙发育高度示意图

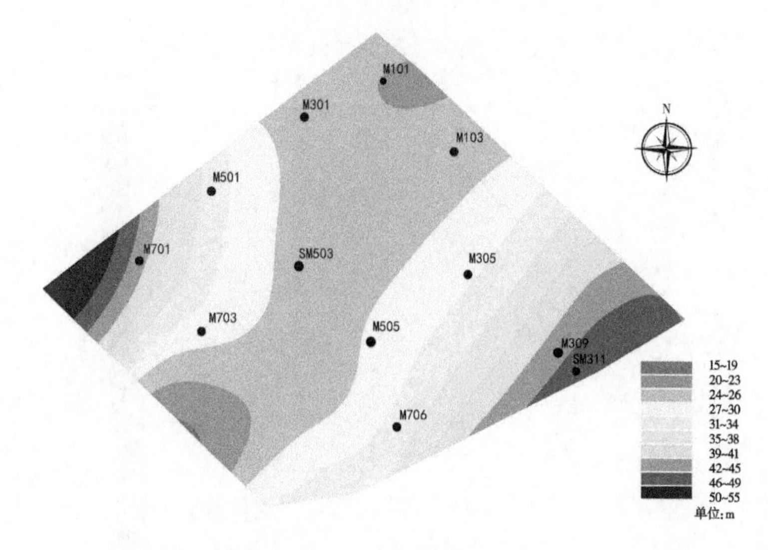

图 6-8 导水裂隙带发育顶端距上部红土隔水层顶部的距离等值线

6.2.2.2 采煤对上覆含水层的影响分析

3号煤层的开采对侏罗系中统延安组第四段碎屑岩类裂隙承压水结构造成破坏,其含水层中的地下水将涌入井下,以上的第四系含水层由于新近系静乐组红土隔水层存在,其岩性结构不受破坏性影响,呈现出随下部岩层沉陷而缓慢下沉的状态。

1. 采煤对延安组碎屑岩类裂隙承压水的影响

侏罗系中统延安组为本区的含煤地层,延安组碎屑岩类裂隙含水层是矿井的直接充水含水层,是矿井水的主要来源。延安组碎屑岩类裂隙承压水含水层为采煤直接影响含水层,但其一般富水差或极弱,不具有区域供水意义。

2. 采煤对碎屑岩类风化裂隙含水层的影响

侏罗系碎屑岩类风化带裂隙水全区分布,均隐伏于新近系静乐组红色黏土之下,含水层为基岩顶部的风化裂隙带。采煤形成的导水裂隙带局部能穿越侏罗系碎屑岩类风化带基岩顶面,将对侏罗系碎屑岩类风化带裂隙水造成一定的影响,但其富水性弱,不具有区域供水意义。

3. 采煤对第四系离石组更新统黄土孔隙裂隙潜水的影响

第四系离石组更新统黄土孔隙裂隙潜水广布全区,除矿区东部、南部及北部均有面积较小的黄土出露外,其余地段均隐伏于萨拉乌苏组及风积沙地层之下。黄土厚 6.59~147.68 m,一般厚 50~80 m。含水层岩性主要为粉土质黄土,厚度一般为 40~60 m。由于沟底大多出露红土隔水层,故黄土含水层多以上层滞水存在。采煤形成的导水裂隙带全部发育至隔水层内,没有沟通第四系离石组更新统黄土孔隙裂隙潜水含水层,对第四系离石组更新统黄土孔隙裂隙潜水影响不大。

本区域离石组孔隙裂隙潜水含水微弱,属弱富水含水层,但井田范围内居民大部分取用的是此层地下水,具有区域供水意义,是本矿井重点保护含水层之一。

4. 采煤对全新统冲洪积层孔隙潜水的影响

全新统冲洪积层孔隙潜水主要分布于矿区中部,宽 1~2 km,长约 3 km,其次在矿区东北部亦有小面积分布。含水层基本上呈面状连续分布于滩地区,地下水赋存条件严格受现代地貌、古地理环境及含水层厚度和岩性的控制,该区萨拉乌苏组地层厚 10~50 m。采煤形成的导水裂隙带全部发育至隔水层内,没有沟通第四系潜水含水层,对第四系潜水影响不大。

6.2.3 对地表水影响分析

麻黄梁井田位于佳芦河水系和头道河水系分水岭,区内无较大地表水系发育,支流常年断流。煤矿开采对地表水可能的影响主要体现在两个方面:一是采煤形成的导水裂隙带发育高度到达地表导致地表水漏失;二是采煤引起地表沉陷、地表裂隙等对地表水产汇流条件造成影响。麻黄梁煤矿开采对地表水的影响主要为后者。

麻黄梁煤矿煤层开采后导水裂隙带高度预测结果表明,煤炭开采后形成的导水裂隙带导通至 3 号煤层顶板以上的碎屑岩裂隙含水层,所有钻孔的开采裂隙未穿透第四系底部隔水层,亦不会贯通地表,麻黄梁煤矿自身矿井水近年来不随季节变化即为佐证。

麻黄梁井田位于毛乌素沙漠与陕北黄土高原的过渡地带,受毛乌素沙漠东侵南扩作用的影响，覆沙黄土特征较为典型，矿区地形较为平缓，沟谷不发育，地势呈东高西低、北高南低的特征，平均海拔 1 300 m，最高点位于麻黄梁镇南部的万家梁塬附近，海拔 1 382 m；最低点位于南部的前沙河沟附近，海拔 1 222 m。

煤层开采后，其上覆岩因失去支撑作用自上而下发生冒落、裂隙和移动、整体弯曲下沉，最终在地表形成沉陷区。2011～2013 年间（2012 年产能核增至 240 万 t），麻黄梁煤矿对首采工作面、30203 工作面、30104 工作面开采岩层与地表移动进行了观测研究，沉陷高度、稳定时间等参数见表 6-4。

表 6-4 麻黄梁煤矿地表沉陷观测成果

工作面	观测点数	观测时间/（年-月）	沉陷高度/m	沉陷稳定时间/d	基岩厚度/m	可采推进长度/m	采高/m
首采工作面	135	2011-02～11	0.3～6.607	200～240	20～30	1 430	3.7
30203工作面	31	2012-04～09	0.51～6.509	170～220	20.1	1 191.05	3.8
30104工作面	27	2013-02～07	0.04～7.4	170～220	29.93	1 426.7	3.8

因井田下沉只发生在采空区边界上方的局部区域，且地表下沉量相对于地表本身的落差来说要小得多，因此总体来说不会改变井田区域的地形地貌，由于地表水与开采地层之间缺乏水力联系，矿井开采后不会改变地表水与地下水之间的补排关系。

6.2.4 对生态系统的影响

麻黄梁井田内主要为沙滩地，表面大部分被第三系和第四系的黄沙土覆盖，煤矿开采造成的地表沉陷尽管对井田整体的地形地貌影响不大，但是对区域的沟坡、陡坡影响较大，较易诱发滑坡和陡坡坍塌等地质灾害，见图 6-9。同时矿井开采后地表会形成一定宽度和深度的裂缝,可能影响农田耕作及农作物正常生长,扰动地表、破坏植被,使土壤结构变松,增加水土流失的程度,形成地表积水等。麻黄梁煤矿应按照《麻黄梁煤矿矿山地质环境保护与土地复垦方案》中的要求对沉陷区土地利用、绿地植被等进行恢复治理。

(a)

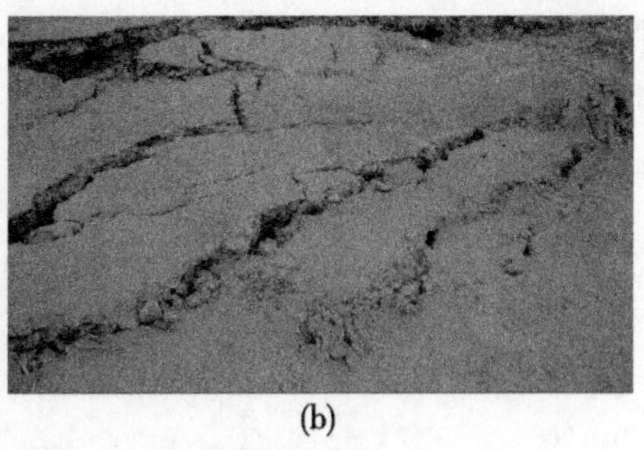

(b)

图 6-9　麻黄梁井田地表塌陷裂缝

6.2.5　对其他用水户的影响

根据《关于〈榆林泰发祥矿业有限公司 120 万吨/年矿井及选煤厂环境影响报告书〉的批复》(陕环批复〔2008〕512 号)文件要求,麻黄梁煤矿应在开采前对北大村、卜家村的居民实施搬迁。

根据矿方提供的资料,麻黄梁煤矿已于 2011 年前完成了北大村和卜家村共 72 户 289 人的搬迁安置工作,逐家逐户签订了房屋搬迁入住协议书,安置新村位于工业场地西部住宅区。根据现场调查情况,上述搬迁点已全部完成搬迁安置工作,因此本项目取水不会对井田内居民产生影响。

6.3　小　结

(1)为有效保护地表水,业主单位在采煤过程中,应该坚持“预测预报、有疑必探、先探后掘、先治后采” 的防治水原则,采取限高开采、保水采煤等措施,以“弃煤保水”为原则降低采高或弃采,以确保导水裂隙带不导通地表水。同时加强对地表塌陷区的治理,及时回填塌陷坑和塌陷裂缝,及时疏通水路,确保塌陷区内不积水。

（2）麻黄梁煤矿煤层开采后产生的导水裂隙带穿透侏罗系延安组地层，使其含水层成为矿井直接充水含水层，含水层地下水将沿导水裂隙带进入矿坑。麻黄梁煤矿通过建设矿井水处理站，将矿井水分质再生利用于自身生产、生活环节，同时，矿方建设疏干水回用管道，将处理达标后的矿井水输送至场外高位水池及沙河沟水库，用于农田灌溉及塌陷区治理，矿井水全部综合利用，对区域水资源的优化配置有积极的作用。

第 7 章　退水影响论证研究

7.1　退水方案

7.1.1　相关规划及项目环评对退水的要求

7.1.1.1　总规环评对退水的要求

根据《关于陕西榆神矿区一期规划区总体规划环境影响报告书(修编)的审查意见》(环办函〔2012〕691 号):第三条　(二)加强水资源保护,最大限度地保护第四系地下水资源,严格落实水源地的环境保护对策措施,水源地一级保护区、二级保护区下禁止采煤,水源补给区下采煤实行分层开采、隔离开采,矿井水全部资源化利用。

7.1.1.2　《榆林市榆阳区煤矿疏干水综合利用项目输配水系统工程总体方案》对退水的要求

2019 年榆林市水利局对《榆林市榆阳区煤矿疏干水综合利用项目输配水系统工程总体方案》进行了批复(榆政水函〔2019〕173 号)。根据《榆林市榆阳区煤矿疏干水综合利用项目输配水系统工程总体方案》:麻黄梁 1 号线输配水系统起点为柳巷煤矿,沿途吸纳半坡山(待建)、麻黄梁、双山、郝家梁 4 座煤矿的疏干水,终点至麻黄梁工业集中区。采取煤矿自行配套净化厂处理达标后的疏干水进入输配水收集管网,主要解决麻黄梁工业集中区企业生产及园区生态绿化用水,沿线兼顾双山沙河流域及矿区周边农业生态用水,富余水进入汽车产业园并入 2 号线。用水淡季时泰发祥矿业麻黄梁煤矿可利用现有退水管网,将处理后达到《地表水环境质量标准》(GB 3838—2002)的Ⅲ类标准后的疏干水排入沙河沟景观调蓄水坝后退至佳芦河。

7.1.1.3 项目环评对退水的要求

根据《陕西省环境保护厅关于榆林泰发祥矿业有限公司麻黄梁矿井及选煤厂环境影响后评价报告书审查意见的函》(陕环函〔2014〕655号):第三条 (二)水污染防治措施。矿井目前的涌水量为215 m^3/h。矿井水处理站处理能力为7 200 m^3/d,采用"平流沉淀-辐流沉淀-气浮-砂滤"工艺,处理后的矿井水满足《煤炭工业污染物排放标准》(GB 20426—2006)一级标准后,回用于井下消防洒水、选煤系统补充用水和选煤系统喷雾降尘洒水、道路洒水、矿区降尘洒水、黄泥灌浆、工业场地绿化用水等,剩余输送至北大村沙河沟水库作为麻黄梁工业区中水水源。

7.1.2 退水系统及组成

麻黄梁煤矿废污水主要来源为井下排水、生活污水、选煤厂泥水等。

(1)经论证分析,按照"分质处理、分质回用",通过对麻黄梁煤矿各环节用水情况进行合理性分析,对矿井生产、生活用水量进行核定。

(2)经节水潜力分析后,麻黄梁煤矿生活污水经处理后全部回用,井下排水经处理后充分回用于生产生活。由于麻黄梁工业集中区尚无实质用水户,无法消纳本项目排水,目前麻黄梁剩余部分矿井水经处理后达标外排至场外高位水池及沙河沟水库,用于周边农田灌溉及塌陷区治理,冬储夏用。

(3)选煤厂洗煤产生的煤泥水采用浓缩机和加压过滤机处理后内部循环使用不外排。

7.1.3 退水总量、主要污染物排放浓度和排放规律

7.1.3.1 取用水量

经第4章合理性分析后,麻黄梁煤矿取水量为86.95万 m^3/a,全部为矿井水;按生产生活类别进行划分,生活取水量为6.17万 m^3/a,生产取水量为80.78万 m^3/a。

7.1.3.2　矿井水量

根据第 6 章矿井水取水水源论证，论证采用大井法计算的 3 700 m^3/d(135.05 万 m^3/a)作为正常矿井水量推荐值，将大井法预算结果 4 200 m^3/d(153.3 万 m^3/a)作为矿井水量的最大值。

7.1.3.3　排水量

经论证分析，本项目正常矿井水量为 135.05 万 m^3/a，自身生产、生活回用处理后的矿井水 86.95 万 m^3/a，剩余有 48.1 万 m^3/a 处理达标后的矿井水外排至场外高位水池。

经论证分析，正常工况下麻黄梁煤矿的主要污染物排放浓度和排放规律见表 7-1。

表 7-1　项目退水主要污染物排放浓度和排放规律

退水种类	主要污染物	排放规律	退水去向及用途
矿井水	SS、氨氮、COD、全盐量	连续排放	经矿井水处理站统一处理后，充分回用于内部生产生活，其余无法回用达标排放至场外高位水池
生活污水	CODcr：150～300 mg/L； BOD_5：50～110 mg/L； SS：150～300 mg/L； NH_3—N：≤25 mg/L	连续排放	至本项目生活污水处理厂处理后全部回用

7.1.4　退水处理方案和达标情况

7.1.4.1　矿井水处理站处理方案及达标情况分析

1. 矿井水处理站概况

麻黄梁煤矿矿井水处理站设计处理能力为 7 200 m^3/d，工艺采用“化学絮凝+高密度迷宫斜管净水器+砂滤+消毒”技术进行处理，矿井水处理站处理后的水主要用于充填站用水，多余部分由外排入场外高位水池。外排废水因子目前执行《煤炭工业污染物排放标准》(GB 20426—2006)及《农田灌溉水质标准》(GB 5084—2021)排放标准。矿井水处理工艺流程见图 1-16。

麻黄梁煤矿矿井水处理站排污口安装有氨氮、COD、悬浮物在线监测仪及实时流量计，见图 1-15。

2. 矿井水处理站规模分析

根据论证分析，进入矿井水处理站处理的矿井水约 1 400 m^3/d，麻黄梁煤矿矿井水处理站设计处理能力为 7 200 m^3/d，能够满足处理需求。

3. 矿井水处理站出水水质分析

为了解麻黄梁煤矿矿井水处理站的处理效果，论证单位委托有资质的第三方监测机构于 2021 年 7 月 8 日对麻黄梁煤矿矿井水处理站出口水质进行取样，选取的监测因子为《地表水环境质量标准》(GB 3838—2002)表 1 以及《农田灌溉水质标准》(GB 5084—2021)表 1、表 2 中的指标。对检测因子的检测值，采用单因子法进行评价。评价结果见第 5 章表 5-14、表 5-15。

通过监测结果分析，矿井水经现有处理工艺处理后，能够满足《地表水环境质量标准》(GB 3838—2002)Ⅲ类标准以及《农田灌溉水质标准》(GB 5084—2021)表 1、表 2 中旱地作物的指标要求。

7.1.4.2　生活污水处理方案及达标情况分析

麻黄梁煤矿生活污水处理站(见图 1-13)设计处理能力 400 m^3/d。处理工艺采用物理化学+生物接触氧化法+MBR+消毒的处理方法，工艺流程见图 1-14。外排废水因子执行《污水综合排放标准》(GB 8978—1996)一级标准。

经论证分析，正常工况下本项目有 177 m^3/d 的生活污水送生活污水处理站处理，现有处理规模能够满足项目需要，处理达标后的中水主要用于选煤厂补水及场地绿化降尘等，全部回用不外排。

7.1.4.3　煤泥水处理方案

选煤厂分选系统排出的煤泥水进入浓缩机的入料池，浓缩机溢流进入循环水池，并由循环水泵加压进入生产洗水系统，浓缩机底流进入加压过滤机。煤泥水闭路循环，不外排。

7.2　退水影响研究范围

本项目矿井水、生产生活废污水处理后回用，多余的矿井水经处理达标后排入沙河沟水库（见图1-12），因此退水影响论证范围为项目工业广场区域、沙河沟水库及用水户。

7.3　退水影响

7.3.1　正常工况下的退水影响分析

正常工况下，麻黄梁煤矿有48.1万m^3/a处理达标后的矿井水外排至场外1.67 km处的高位水池（见图7-1），再经高位水池约1 km管道输送至沙河沟水库，用于周边农灌及塌陷区治理。

根据现场踏勘，麻黄梁煤矿高位水池容积约0.18万m^3；沙河沟水库库前2个预沉池容积约1.8万m^3，沙河沟库容40万m^3；水库及水池面积合计约48 000 m^2。

榆林市平均蒸发量均值为1 117.8 mm（E-601），据此论证计算出水库及3个水池的年均损失量约5.37万m^3/a（147 m^3/d）；根据库区、坝址的地质及水文地质情况，水库月综合渗漏量按库容的1.0%推算。经计算，沙河沟水库年渗漏量约4.80万m^3/a；则水库及水池蒸发和渗漏量合计为10.17万m^3/a。

根据现场踏勘调查统计，高位水池及沙河沟周边农田实灌面积约2 060亩，主要种植玉米。根据已通过榆林市国土资源局榆阳分局评审的《麻黄梁煤矿采煤沉陷区综合治理项目设计方案》，麻黄梁煤矿2020年以后需要恢复治理面积约7 104.27亩，包含种植地恢复面积832.89亩，生态增绿（林地、草地恢复）面积5 865.1亩，其他生态工程建设面积451.99亩。除去水库及水池蒸发渗漏损失外，每年约有38万m^3/a达标矿井水用于周边农田灌溉及塌陷区治理，完全能够全部消耗。

图 7-1　高位水池及沙河沟水库相对位置示意图

7.3.2　非正常工况下的退水影响分析

非正常工况退水指煤矿出现风险事故时的退水，主要包括：①矿井水突然增大；②矿井水处理站故障；③生活污水处理设施发生故障；④煤泥水处理设施发生故障。

鉴于本项目已经基本建成，因此非正常工况下本项目废污水以就地处置、不进入外环境为原则，对麻黄梁煤矿各事故应急水池容积进行复核：①麻黄梁煤井下水仓 2 个，总容积 6 500 m^3。当矿井水突然增大或矿井水站发生故障时，将矿井水排至事故应急池及井下水仓暂存，可容纳约 2 d 的矿井水量，保障事故状态下未经处理的矿井水不外排。②当生活污水处理设施发生故障时，将污水暂存至生活污水调节池，容积 238 m^3，可以容纳 1 d 的生活污水。③选煤厂建设有煤泥水浓缩池 2 座，一用（50 m^3），一备（50 m^3），可保障煤泥水处理设施发生故障时煤泥水不外排。因此，非正常工况下本项目排水对周边水环境影响较小。

麻黄梁煤矿外供及回用实景图见图 1-11。

7.4　小　结

按照“分质处理、分质回用”，最大化回用矿井水的原则，麻黄梁煤矿生活污水经污水管道收集送至生活污水处理站，处理后回用不外排；选煤厂洗煤产生的煤泥水采用浓缩机和加压过滤机处理后内部循环使用不外排；麻黄梁煤矿矿井水经处理后，充分回用于自身生产生活，剩余部分经处理达标后外排至场外高位水池及沙河沟水库，用于周边农业灌溉及塌陷区治理，冬储夏用，退水不会对第三者及水环境带来不利影响。

第8章 水资源节约、保护及管理措施研究

本章在复核相关批复要求的水资源保护措施落实情况基础上,进一步提出了水资源节约措施、保护措施和管理措施,确保麻黄梁煤矿的矿井水作为水资源得到充分利用。

8.1 相关批复水资源保护要求落实情况

8.1.1 矿区总规批复的涉水要求

根据《国家计委关于陕西榆神矿区一期规划区总体规划的批复》(计基础〔2000〕1841号)的要求:鉴于该地区水资源短缺,矿区开发必须注意采取节水措施,同时要考虑充分利用矿井排水和水资源的循环利用问题。

8.1.2 矿区总规环评的涉水要求

根据《国家环境保护总局关于陕西榆神矿区一期规划区总体规划环境影响报告书的审查意见》(环审〔2007〕173号)的要求:矿区项目建设要深入调查水文地质情况,合理确定开拓方案,工作面设计不得使采煤导水裂隙沟通第四系潜水含水层,最大限度地保护第四系地下水资源;在矿区东部、南部边界附近采煤必须预留隔水煤柱,切实保护好火烧区的水资源;榆溪河及其支流下不采煤,确保支流径流畅通;煤矸石和矿井水均应力争全部利用;与煤炭开采规模相适应,合理增设选煤厂,使原煤入洗率达到90%以上,并全部实现洗水闭路循环。

根据《关于陕西榆神矿区一期规划区总体规划环境影响报告书(修编)的审查意见》(环办函〔2012〕691号文)的要求:加强水资源保

护,最大限度地保护第四系地下水资源,严格落实水源地的环境保护对策、水源地一级保护区、二级保护区下禁止采煤,水源补给区下采煤实行分层开采,限高开采、矿井水全部资源化利用。

8.1.3　环境影响后评价报告批复要求

根据《陕西省环境保护厅关于榆林泰发祥矿业有限公司麻黄梁矿井及选煤厂环境影响后评价报告书审查意见的函》(陕环函〔2014〕655号)第三条:(二)水污染防治措施。矿井目前的涌水量为215 m^3/h。矿井水处理站处理能力为7 200 m^3/d,采用"平流沉淀-辐流沉淀-气浮-砂滤"工艺,处理后的矿井水满足《煤炭工业污染物排放标准》(GB 20426—2006)一级标准后,回用于井下消防洒水、选煤系统补充用水和选煤系统喷雾降尘洒水、道路洒水、矿区降尘洒水、黄泥灌浆、工业场地绿化用水等,剩余输送至北大村沙河沟水库作为麻黄梁工业区中水水源。

8.1.4　项目水资源保护措施落实情况

对照总规、总规环评审查意见以及项目环评批复中相关的水资源保护措施要求,复核项目水资源保护措施落实情况,见表8-1。相关图片见图8-1。

表8-1　麻黄梁煤矿相关水资源保护措施落实情况一览

来源	措施要求	落实情况
总规批复	矿区开发必须注意采取节水措施,同时要考虑充分利用矿井排水和水资源的循环利用问题	麻黄梁煤矿矿井水经处理达标后充分回用至自身生产生活用水,以及周边村庄农灌用水,多余部分根据《榆阳区煤矿疏干水综合利用规划》排放至北大村沙河沟水库,供下游农田灌溉使用;生活污水经处理达标后全部回用至选煤厂补水、绿化用水

续表 8-1

来源	措施要求	落实情况
总规环评批复	矿区项目建设要深入调查水文地质情况,合理确定开拓方案,工作面设计不得使采煤导水裂隙沟通第四系潜水含水层,最大限度地保护第四系地下水资源	根据第7章的论证结果,开采产生的导水裂隙带不会沟通第四系含水层,不会影响第四系地下水资源
	在矿区东部、南部边界附近采煤必须预留隔水煤柱,切实保护好火烧区的水资源。榆溪河及其支流下不采煤,确保支流径流畅通	火烧区分布于麻黄梁井田东南边界处,麻黄梁煤矿设置了开采警戒线,火烧区煤层不予开采。麻黄梁矿区不涉及榆溪河及其支流
	煤矸石和矿井水均应力争全部利用。与煤炭开采规模相适应,合理增设选煤厂,使原煤入洗率达到90%以上,并全部实现洗水闭路循环	麻黄梁煤矿矿井水经处理达标后充分回用至自身生产生活,多余部分用于周边村庄农灌及塌陷区治理;煤矸石全部用于井下充填。麻黄梁煤矿煤泥水闭路循环
总规环评(修编)批复	加强水资源保护,最大限度地保护第四系地下水资源,严格落实水源地的环境保护对策、水源地一级保护区、二级保护区下禁止采煤,水源补给区下采煤实行分层开采,限高开采、矿井水全部资源化利用	麻黄梁煤矿不在一二级水源保护区范围内。麻黄梁煤矿采用条带开采及充填的保水采煤技术,根据地测部门观测及本次预测,开采产生的导水裂隙带不会沟通第四系含水层,不会影响第四系地下水资源。本项目矿井水全部资源化利用

续表 8-1

来源	措施要求	落实情况
项目环评批复	重视水资源保护，积极发展保水采煤技术，采取合理的开采方案和有效的保护措施，防止煤层开采破坏含水层。因采煤影响村民饮用水供应的，应有切实可行的解决村民饮用水措施	井田范围内的村庄已搬迁，采煤不会影响其居民饮用水
	建立地下水、地表水动态监测系统，发现问题及时采取补救措施	井田范围内设有地下水位长观孔，对地下水位进行长期观测
	矿井水经处理后，全部回用于井下矿井生产系统、绿化、道路洒水等。生活污水经处理后全部回用。加强对选煤厂的管理，确保煤泥废水闭路循环使用，不外排	
环境影响后评价批复	水污染防治措施。矿井目前的涌水量为 215 m^3/h。矿井水处理站处理能力为 7 200 m^3/d，采用“平流沉淀-辐流沉淀-气浮-砂滤”工艺，处理后的矿井水满足《煤炭工业污染物排放标准》（GB 20426—2006）一级标准后，回用于井下消防洒水、选煤系统补充用水和选煤系统喷雾降尘洒水、道路洒水、矿区降尘洒水、黄泥灌浆、工业场地绿化用水等，剩余输送至北大村沙河沟水库作为麻黄梁工业区中水水源	麻黄梁煤矿矿井水经处理达标后充分回用至自身生产生活，多余部分用于周边村庄农灌及塌陷区治理；生活污水经处理后全部回用至洗煤厂用水和绿化用水；洗煤厂煤泥水闭路循环，不外排

通过现场复核,麻黄梁煤矿基本落实环境影响批复提出的水资源保护相关要求,在水源、水务管理、水计量设施等方面有待加强。

(a)矸石场

(b)矸石充填机

(c)矿井水处理站

(d)生活污水处理站

(e)地下水位观测孔

(f)塌陷区治理—套管种植

图 8-1　水资源保护措施相关图片

(g)北大村沙河沟水库

(h)北大村沙河沟水库下游灌溉农田

(i)高位水池

(j)高位水池复用至灌溉用水管道

续图 8-1

8.2　节约措施

(1)制定行之有效的管理办法和标准,严格按设计要求的用水量进行控制,达到设计耗水指标,提高工程运行水平。

(2)项目来水应按照清污分流、污污分流、分散治理的原则进行管理,加强矿井涌水、生活污水处理设施的管理,确保设施正常运行。回用水需做到"分质收集,分质供给",降低用水成本的同时,可以有效提高水资源利用效率。

(3)每隔3年进行一次本矿的水平衡测试及各水系统水质分析测试,找出薄弱环节和节水潜力,及时调整和改进节水方案,并建立测试技术档案。

(4)积极开展清洁生产审核工作,加强生产用水和非生产用水的计量与管理,认真落实本论证提出的节水减污方案,不断提高水的利用率,不断研究开发新的节水减污清洁生产技术。

(5)生产运行中及时掌握取水水源的可供水量和水质,以判定所取用的水量和水质能否达到设计标准。

(6)加大对职工的宣传教育力度,强化对水资源的节约保护意识和责任意识。

8.3 保护措施

8.3.1 供、退水工程水资源保护措施

为维持供、退水管网的正常运行,保证安全供水,防止管网渗漏,必须做好以下日常的管网养护管理工作:

(1)严格控制跑、冒、滴、漏损失,建立技术档案,做好检漏和修漏、水管清垢和腐蚀预防、管网事故抢修。

(2)防止供、退水管道的破坏,必须熟悉管线情况、各项设备的安装部位和性能、接管的具体位置。

(3)加强供、退水管网检修工作,一般每半年管网全面检查一次。

(4)根据第7章的分析,麻黄梁煤矿矿井水处理站规模满足要求,生活污水处理站出水全部回用,麻黄梁煤矿应加强污水处理系统的运行管理,确保出水稳定达标。

8.3.2 非正常工况下的水资源保护措施

完善的事故应急措施可以最大程度地保护水资源,本项目设有矿井水处理站、生活污水处理站及煤泥水处理设施,本次非正常工况主要包括:①矿井涌水突然增大;②矿井涌水处理站故障;③生活污水处理设施发生故障;④煤泥水处理设施发生故障。

根据《榆林泰发祥矿业有限公司突发环境事件应急预案》,非正常工况下,麻黄梁煤矿的水资源保护措施如下:

(1)生活污水处理设施故障时,生活污水排入生活污水处理站内调节池进行缓冲,站内调节池容积为 238 m^3,可容纳 1~2 d 的生活污水。

(2)矿井涌水突然增大或矿井水处理站故障时,矿井水在井下水仓(3 900 m^3+2 600 m^3)及矿井水处理站调节池(2 064 m^3)进行缓冲,总容积为 8 564 m^3,可容纳 1~2 d 的矿井水。

(3)选煤厂浓缩池一用一备,可以保障煤泥水处理设施发生故障时煤泥水不外排。

8.3.3　水资源监测方案

经现场调查,麻黄梁煤矿没有制定系统的水资源监测方案。因此,论证根据项目的实际情况制定了相应的水资源监测方案。

8.3.3.1　用、退水计量

在主要用水系统及退水系统安装计量装置,监测各项目的取用水量,掌握取用水量及退水量,水计量装置配备要求参照第 5 章的具体要求。

8.3.3.2　水质监测

项目业主应设有专员负责工程水务管理,建议设计定员 6 人。应对本项目的矿井涌水及生产、生活污水的水量和水质等进行在线或定期监测,及时掌握各设备、各流程的运行情况。水质监测设备见表 8-2。水质监控内容见表 8-3。

8.3.3.3　地下水动态监测

在井田开采过程中,麻黄梁煤矿应根据《地下水监测工程技术规范》(GB/T 51040—2014)及《地下水监测井建设规范》(DZ/T0270—2014)的要求建立健全地下水水位动态监测网络,按要求观测井田内水位变化,绘制水位变化曲线,分析煤矿开采对地下水的影响,监测要求见表 8-3。

表 8-2　监测站应配备的仪器设备一览

编号	仪器设备名称	数量/台
1	万分之一天平	2
2	原子吸收分光光度计	1
3	722 分光光度计	1
4	pH 计	1
5	油份测定仪	1
6	电热干燥箱	1
7	生化培养箱	1
8	显微镜	1
9	电冰箱	1
10	计算机	2
11	其他	根据需要配备

表 8-3　本项目水质监控内容

序号	采样点位置	监测性质	监测标准或项目	监测频次
1	消防水池	水质、水量	《生活饮用水卫生标准》(GB 5749—2006)表 1	每季度 1 次
2	井下水仓	水质、水量	pH、总硬度、氨氮、COD、高锰酸盐指数、溶解性总固体、挥发酚、石油类、氰化物、氟化物、氯化物、硝酸盐、亚硝酸盐、硫酸盐、六价铬、砷、汞、铜、锌、铅、镉	水量 1 天 1 次，水质半年 1 次
3	生活污水处理站进、出水口	水质、水量	pH、悬浮物、COD、BOD_5、铁、锰、氯离子、硫酸盐、氨氮、总磷、阴离子表面活性剂、粪大肠菌群	水量 1 天 1 次，水质每月 1 次
4	矿井水处理站出水口	水质、水量	《煤矿井下消防、洒水设计规范》(GB 50383—2016)	水量实时监测，水质 1 月 1 次
5	地下水水位长观孔	水位	—	至少丰、平、枯水期每年 2 次

8.3.4　严格执行取水许可管理

麻黄梁煤矿应按取水许可管理要求,加强取、用水水量和水质管理,按要求建立完善的取、用水档案,包括原始数据记录表单及统计台账,按期上报,接受水行政主管部门的监督和管理。

8.3.5　加大宣传力度

麻黄梁煤矿应采取多种形式开展水资源保护教育,切实加大宣传力度,积极倡导清洁生产的企业文化,促进职工树立惜水意识;通过印刷资料和宣传海报等形式,开展水资源保护宣传工作,使得当地区职工充分认识水资源保护工作的意义和重要性;编制节水用水规划,建立奖罚制度,大力推行节约用水,坚决破除生产过程中存在的水资源浪费现象。

8.4　管理措施

8.4.1　设置水务管理机构

根据现场调研,目前麻黄梁煤矿尚未建立完善的水资源管理制度,未设置专门的水务管理部门或者管理人员。项目应积极设置水务管理部门,建立水资源管理制度,科学合理地对水资源进行开发和保护。水务管理制度的建立主要应包含以下几点:

(1)制定行之有效的管理办法和标准,严格按设计要求的用水量进行控制,达到设计耗水指标,提高工程运行水平。

(2)每隔 3 年进行一次全厂水平衡测试及各水系统水质分析测试,找出薄弱环节和节水潜力,及时调整和改进节水方案,并建立测试档案以备审查。

(3)积极开展清洁生产审核工作,加强生产用水和非生产用水的计量与管理,不断研究开发新的节水、减污清洁生产技术,提高水的重复利用率。

(4)根据季节变化和设备启停与工况的变化情况,及时调整用水量,使工程能够安全运行。

(5)生产运行中及时掌握取水水源的可供水量和水质,以判定所取用的水量和水质能否达到设计标准和有关文件要求。

(6)加强生产、生活污水和矿井涌水处理设施的管理,确保设施正常运行,实现废污水最大化利用,接受水行政主管部门的监督检查。

(7)加大对职工的宣传教育力度,强化对水污染事件的防范意识和责任意识。严格值班制度和信息报送制度,遇到紧急情况时,保证政令畅通。

(8)根据已制定的污染事故应急预案进行演练,在污水处理系统出现问题或排水水质异常时,将不达标的污水储存至相应的调节池或事故池,严禁外排。

在整个过程中应做好记录,并及时向当地水行政主管部门和生态环境部门报告。

8.4.2 加强应急管理建立突发水污染事件应急预案

目前,麻黄梁煤矿已编制有《榆林泰发祥矿业有限公司突发环境事件应急预案》,并按规定在榆林市环境保护局榆阳分局备案(备案号:610802-2020-71-L)。建议按照专项应急预案至少每年进行一次演练的要求,公司组织各部门开展不同类别和规模的应急预案演练,以增强各级应急队伍的实战能力,同时通过实战演练不断完善预案,切实提升应急处理能力。

8.5 水计量设施配备规定

8.5.1 相关规定

国家针对水计量设施的相关规定详见表8-4。

表 8-4　水计量设施相关规定一览

名称	相关规定
《中华人民共和国水法》（2016 年 7 月修订）	第四十九条：用水应当计量，并按照批准的用水计划用水
《中华人民共和国计量法》（2015 年修订）	第八条：企业、事业单位根据需要，可以建立本单位使用的计量标准器具，其各项最高计量标准器具经有关人民政府计量行政部门主持考核合格后使用
《取水许可和水资源费征收管理条例》（国务院令第 460 号）	第四十三条：取水单位或者个人应当依照国家技术标准安装计量设施，保证计量设施正常运行，并按照规定填报取水统计报表
《取水许可管理办法》（水利部令第 34 号）	第四十二条：取水单位或者个人应当安装符合国家法律法规或者技术标准要求的计量设施，对取水量和退水量进行计量，并定期进行检定或者核准，保证计量设施正常使用和量值的准确、可靠
《计划用水管理办法》（水资源〔2014〕360 号）	用水单位应当按照法律法规和有关技术标准要求，安装经质量技术监督部门检定合格的用水计量设施，并进行定期检查和维护，保证计量设施的正常运行。用水单位应当建立健全用水原始记录和统计台账，按月向管理机关报送用水情况
《用水单位水计量器具配备和管理通则》（GB 24789—2009）	一级计量率≥100%，计量器具配备率≥100%；二级计量率≥95%，计量器具配备率≥95%；三级计量率≥85%，计量器具配备率≥80%；取用水表精度优于 2.0 级，排水水表精度优于 5.0 级
《水利部关于强化取水口取水监测计量的意见》（水资管〔2021〕188 号）	对工业、生活、服务业取水口，要全面配备计量设施，其中规模以上的应在线计量，水资源紧缺和过度开发利用地区应做更高要求。在信息共享和功能提升方面，要完善监测计量信息承接管理平台，推进数据同步、信息共享、资源整合，提供全面、便捷、高效的信息服务

续表 8-4

名称	相关规定
国家发改委等八部委《关于印发〈关于加快煤矿智能化发展的指导意见〉的通知》（发改能源〔2020〕283 号）	到 2025 年，大型煤矿和灾害严重煤矿基本实现智能化

8.5.2 技术标准

目前，现行的水计量设施配备通则（导则）要求主要有《用能单位能源计量器具配备和管理通则》（GB 17167—2006）、《取水计量技术导则》（GB/T 28714—2012）、《用水单位水计量器具配备和管理通则》（GB 24789—2009）等，其主要技术要求如下。

8.5.2.1 水计量器具的配备原则

（1）应对各类供水进行分质计量，满足对取水量、用水量、重复利用水量、回用水量和排水量等进行分项统计的需要。

（2）生活用水与生产用水应分别计量。

（3）开展企业水平衡测试的水计量器具配备应满足《企业水平衡测试通则》（GB/T 12452—2016）的要求。

（4）能够满足工业用水分类计量的要求。

8.5.2.2 水计量器具的计量范围

（1）整个企业的输入水量和输出水量。

（2）次级用水单位的输入水量和输出水量。

8.5.2.3 水计量器具的配备要求

1. 配备要求

企业水计量器具配备率和水表计量率均应达到 100%；次级用水单位水计量器具配备率和水表计量率均达到 95%；主要用水（设备）系统水计量器具配备率达到 80%，水表计量率达到 85%，详见表 8-5。

表 8-5　本项目水计量器具配备要求

考核项目	用水单位	次级用水单位	主要用水(设备)系统(水量≥1 m^3/h)
水表计量器具配备率/%	100	≥95	≥80
水表计量率/%	100	≥95	≥85

2. 精度要求

企业水计量器具准确度应满足表 8-6 要求。

表 8-6　企业水计量器具准确度等级要求

计量项目	准确度等级要求
取水、用水的水量	优于或等于 2 级水表
废水排放	不确定度优于或等于 5%

冷水水表的准确度等级应符合《冷水水表检定规程》(JJG 162—2019)的要求。

8.5.2.4　水计量管理要求

1. 水计量制度

(1)应建立水计量管理体系及管理制度,形成文件,并保持和持续改进其有效性。

(2)应建立、保持和使用文件化的程序来规范水计量人员行为、水计量器具管理和水计量数据的采集和处理。

2. 水计量人员

(1)应设专人负责水计量器具的管理,负责水计量器具的配备、使用、检定(校准)、维修、报废等管理工作。

(2)应设专人负责主要次级用水单位和主要用水设备水计量器具的管理。

(3)水计量管理人员应通过相关部门的培训考核,持证上岗;用水单位应建立和保存水计量管理人员的技术档案。

3. 水计量器具

(1)应备有完整的水计量器具一览表。表中应列出计量器具的名称、型号规格、准确度等级、测量范围、生产厂家、出厂编号、用水单位管理编号、安装使用地点、状态(合格、准用、停用等)。主要次级用水单位和主要用水设备应备有独立的水计量器具一览表分表。

(2)应建立水计量器具档案,内容包括:

①水计量器具使用说明书;

②水计量器具出厂合格证;

③水计量器具最近连续2个周期的检定(测试、校准)证书;

④水计量器具维修或更换记录;

⑤水计量器具其他相关信息。

(3)应备有水计量器具量值传递或溯源图,其中作为用水单位内部标准计量器具使用的,要明确规定其准确度等级、测量范围、可溯源的上级传递标准。

(4)水计量器具凡属自行校准且自行确定校准间隔的,应有现行有效的受控文件(自校水计量器具的管理程序和自校规范)作为依据。

(5)水计量器具应由专业人员实行定期检定(校准)。凡经检定(校准)不符合要求的或超过检定周期的水计量器具一律不准使用。属强制检定的水计量器具,其检定周期、检定方式应遵守有关计量技术法规的规定。

(6)在用的水计量器具应在明显位置粘贴与水计量器具一览表编号对应的标签,以备查验和管理。

4. 水计量数据

(1)应建立水统计报表制度,水统计报表数据应能追溯至计量测试记录。

(2)水计量数据记录应采用规范的表格式样,计量测试记录表格应便于数据的汇总与分析,应说明被测量与记录数据之间的转换方法或关系。

(3)可根据需要建立水计量数据中心,利用计算机技术实现水计量数据的网络化管理。

5. 水计量网络图

(1)应有详细的全厂供水、排水管网网络图。

(2)应有详细的全厂水表配备系统图。

(3)根据项目的用、排水管网图和用水工艺,绘制出企业内部用水流程详图,包括层次的、车间或用水系统层次、重要装置或设备(用水量大或取新水量大)层次的用水流程图。

6. 煤炭工业智能化要求

按照《煤炭工业智能化矿井设计标准》(GB/T 51272—2018),矿井供水排水系统应满足表 8-7 要求。

表 8-7　煤矿辅助生产系统智能化功能配置

辅助系统名称		用户服务目标管理	负荷调节及管网调配	计量及能耗分析	自动运行及无人值守管理	故障分析诊断及预警	生产过程产品质量管理	政府环保部门联络管理
供热系统(含工业场地集中空调)	燃煤供热锅炉房	—	●	●	○	●	—	●
	其他供热热(空调)源	—	●	●	●	●	—	—
	热力(空调)网	—	●	●	●	●	—	—
	热(空调)用户	●	●	◎	●	◎	—	—
井下制冷降温系统	制冷站	—	●	●	●	●	—	—
	冷媒管网	—	●	●	●	●	—	—
	降温工作面	●	●	●	●	●	—	—
瓦斯利用系统	气源	—	●	◎	●	●	—	—
	输配系统	—	●	●	●	●	—	—
	利用装置	—	●	●	●	●	—	—

续表 8-7

辅助系统名称		用户服务目标管理	负荷调节及管网调配	计量及能耗分析	自动运行及无人值守管理	故障分析诊断及预警	生产过程产品质量管理	政府环保部门联络管理
供水系统	水源	●	●	●	●	●	●	○
	供水管网	◎	●	—	●	●	●	—
	日用泵房/消毒系统	●	●	●	●	●	●	—
	软水及冷却供水	●	●	●	●	●	●	—
	消防供水	◎	—	○	●	●	—	—
	井下消防洒水	◎	●	●	●	●	—	—
排水系统	污水/雨水管网	◎	—	—	●	●	—	—
	污水/雨水泵房	●	●	●	●	●	—	○
污水处理系统	预处理系统	—	●	●	●	●	●	—
	水处理系统	—	●	●	●	●	●	—
	深度处理系统	—	●	●	●	●	●	—
	消毒系统	—	●	●	●	●	●	—
	污泥处理	—	●	●	●	●	●	—
	进出水在线装置	—	●	●	●	●	●	●
	污水回用系统	●	●	●	●	●	●	◎
矿井水处理系统	井下排水与地面调节系统	—	●	●	●	●	●	—
	加药系统	—	●	●	●	●	●	—
	混凝沉淀	—	●	●	●	●	●	—
	过滤系统	—	●	●	●	●	●	—
	深度处理系统	—	●	●	●	●	●	—
	消毒系统	—	●	●	●	●	●	—
	泥处理系统	—	●	●	●	●	●	—
	回用及外排系统	●	●	●	●	●	●	●

续表 8-7

辅助系统名称		用户服务目标管理	负荷调节及管网调配	计量及能耗分析	自动运行及无人值守管理	故障分析诊断及预警	生产过程产品质量管理	政府环保部门联络管理
压缩空气系统	压缩空气站	—	●	●	●	●	—	—
	压缩空气管网	—	◎	—	●	●	—	—
	压缩空气用户	◎	—	◎	—	—	—	—

注:1. 用户服务目标管理—以用户设计参数为控制目标,自动启停或调节用户系统的管理系统。

2. 负荷调节及管网调配—能依据用户管理系统的信息,自动对管网及源发出调节或调配指令的控制管理系统。

3. 故障分析诊断及预警应包含安全监控及预警功能。

4. ●—应配置;◎—宜配置;○—可配置;“—”—无此项要求。

5. 供热锅炉房内的水处理系统智能化功能参照本表供水系统中软水系统要求配置。

按照上述规定要求,麻黄梁煤矿应抓紧开展智慧水务系统建设工作。煤矿的智慧水务系统,是整个煤矿生产、生活的重要支撑系统,依托物联网、大数据、云计算技术,利用智能传感技术并结合水平衡、涡度耗散等相关理论,每个计量监测点位配备自动采集终端与通信设备,实现全矿水量计量数据的自动采集、存储与传输,同时汇集已建设的水质监测站的水质监测数据和水处理站的相关数据,建立统一的水量水务数据采集传输网,即智慧水务管理系统。

8.5.3　水计量器具的配备情况复核

为了解麻黄梁煤矿水计量管理和器具配备情况,论证对其生活和生产用水系统各用水环节、矿井涌水处理站等现有的水计量设施进行查验,现场情况见图 8-2。

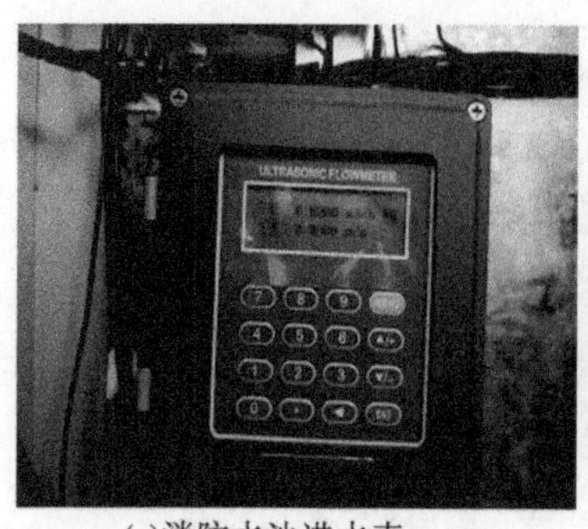

(a)消防水池进水表

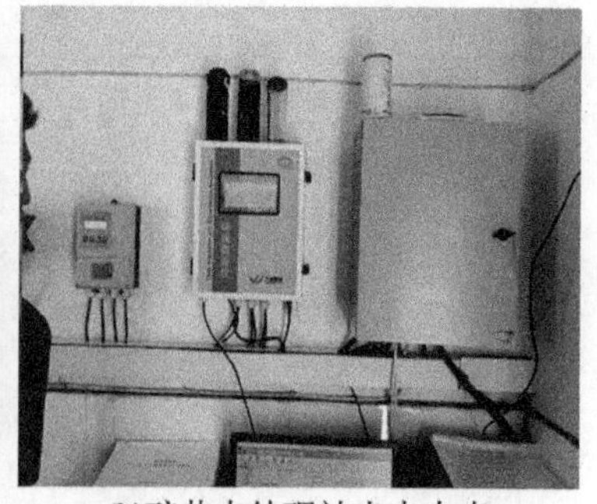

(b)矿井水处理站出水水表

图 8-2 部分水计量设施实景

8.5.4 水计量器具配备符合性分析

经现场复核,麻黄梁煤矿现状已安装计量水表共 4 块,均可正常运行,均为一级表,统计明细见表 8-8。

表 8-8 麻黄梁煤矿现状水计量设施统计一览

序号	水表安装地点	生产厂家	用途	仪表类型	仪表型号	水表数量
1	井下上水口	—	井下上水量	电磁流量计	—	2
2	消防水池进水口	大连道盛仪表有限公司	采空区上水量	超声波流量计	TUF-2000	1
3	矿井水处理站外排水处	无锡昆仑海岸物联科技有限公司	外排至北大河水库水量	电磁流量计	LDBE-400L-M1X100	1

经论证分析计算,麻黄梁煤矿一级水表配备率为 100%,次级水表未配备水计量器具,与《用水单位水计量器具配备和管理通则》(GB 24789—2009)的要求有一定差距。

8.5.5　水计量器具配备存在的问题及完善建议

8.5.5.1　存在的问题

通过现场复核,麻黄梁煤矿在水计量管理及水计量器具配备方面存在以下问题:

(1)麻黄梁煤矿未制定相关的计量器具管理制度,计量设施无专人管理。

(2)水表型号不符合管理要求,井下上水管处、回用水处水表应上传国控平台。

(3)存在装表未定期校验的现象。

(4)水计量器具配备率低,未达到《用水单位水计量器具配备和管理通则》(GB 24789—2009)的要求。

8.5.5.2　水计量器具配备完善建议

为严格水资源管理制度,提高用水效率,实现用水的科学管理,麻黄梁煤矿应按照《用能单位能源计量器具配备和管理通则》(GB 17167—2006)、《取水计量技术导则》(GB/T 28714—2012)、《用水单位水计量器具配备和管理通则》(GB 24789—2009)等,完善水计量器具配备,建立水计量管理体系,具体建议如下:

(1)按现行的水计量器具相关通则(导则)要求,制定水计量器具管理制度,并严格实施。

(2)依据《企业水平衡测试通则》(GB/T 12452—2016),定期开展水平衡测试,排查各用水环节存在的不合理现象并进行修正,以确保各部门用水在用水指标之内。

(3)按相关的水计量设施配备要求,完善各用、排水系统(单元)水计量器具,并对水计量数据进行系统采集及管理。

本书给出的原则性水计量器具装配见表 8-9 和图 8-3。

表 8-9 麻黄梁煤矿原则性水计量设施配备说明

序号	位置	上级单元	下级单元	是否配备	备注
1	井下水仓上水口	井下主副水仓	矿井水处理站、充填站	是	国控
2	井下水仓至井下洒水	井下主副水仓	井下洒水用水	否	
3	充填站进水管	井下主副水仓	充填站用水	否	国控
4	消防水池进水管	矿井水清水池	各用水单元	是	国控
5	矿井水处理站外排水口	矿井水处理站清水池	北大村沙河沟水库	是	
6	锅炉房进水口	矿井水处理站清水池	锅炉房用水	否	
7	生产楼进水口	净化站	生产楼、洗衣房、浴室等用水单元	否	
8	洗衣房进水口	净化站	洗衣房洗衣用水	否	
9	浴室进水口	矿井水处理站清水池	浴室用水	否	
10	宿舍楼进水口	消防水池	宿舍楼用水	否	
11	办公楼总进水口	消防水池	办公楼用水、食堂用水	否	
12	食堂进水口	消防水池	食堂用水单元	否	
13	生活污水处理站出水回用至选煤厂补水口	生活污水处理站	选煤厂补水	否	

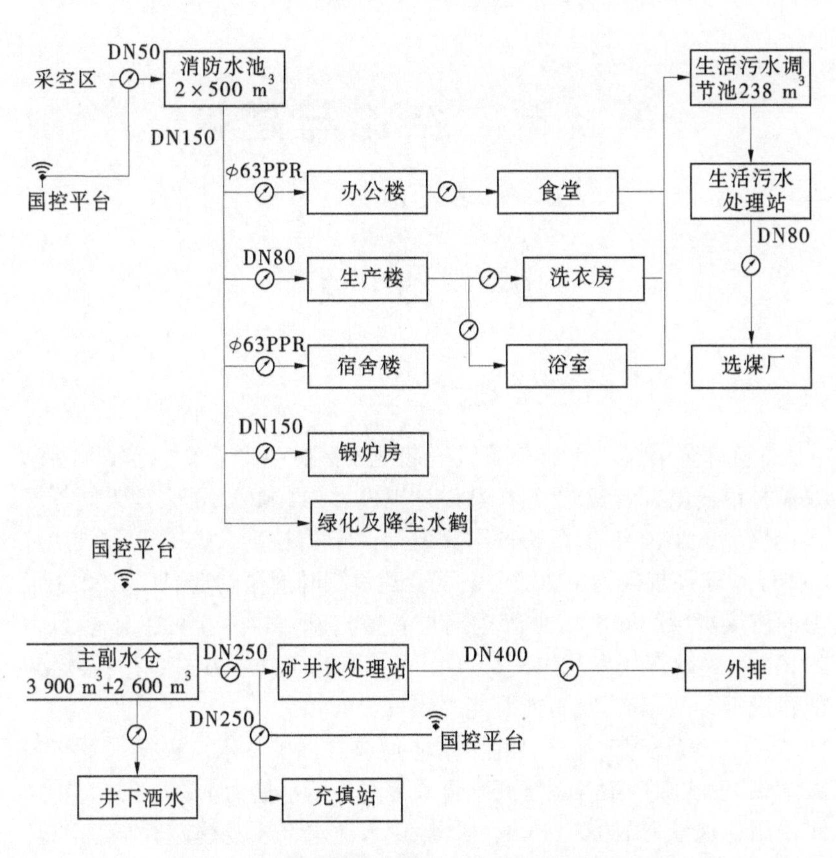

图 8-3　麻黄梁煤矿原则性水计量设施配备示意图

第 9 章　结论与建议

9.1　结　论

9.1.1　项目用水量及合理性

(1)麻黄梁煤矿是榆神矿区一期规划区的生产煤矿,行政区划隶属榆林市榆阳区麻黄梁镇,矿井设计规模为 2.4 Mt/a,配套建设同等规模选煤厂。2010 年 3 月获得国家发展改革委核准(发改能源〔2010〕462 号),建设规模为 1.20 Mt/a,配套建设相同规模的选煤厂。2013 年陕西省煤炭生产安全监督管理局重新核定麻黄梁煤矿的生产能力为 2.40 Mt/a(陕煤局发〔2013〕68 号),服务年限为 17.66 a。麻黄梁煤矿的建设符合国家产业、节能及能源政策要求。

(2)麻黄梁煤矿生产及生活水源均取自身矿井水。根据水平衡测试结果,现状麻黄梁各系统新水量采暖季用新水量为 1 886 m^3/d,非采暖季用新水量为 2 088 m^3/d,外排高位水池水量采暖季为 1 244 m^3/d,非采暖季为 1 047 m^3/d,外排水为矿井水,生活污水全部回用不外排。

(3)经节水潜力分析,考虑矿井水处理站约 5%的处理损失后,麻黄梁煤矿总取水量为 86.95 万 m^3/a,全部为矿井水;按生产生活类别进行划分,生活取水量为 6.17 万 m^3/a,生产用水量为 80.78 万 m^3/a。

9.1.2　项目节水评价

(1)麻黄梁煤矿充分利用矿井水和生产生活废污水,体现了现代化煤矿节能减排的发展目标,符合国家相关节水政策的要求。

(2)节水潜力分析后原煤生产水耗为 0.095 m^3/t,选煤补水量为 0.027 m^3/t,优于《清洁生产标准 煤炭采选业》(HJ 446—2008)中一级标准，属于国际清洁生产先进水平；采煤用水指标为0.141 m^3/t，优于陕西省《行业用水定额》(DB 61/T 943—2020)中井工煤炭开采先进值定额0.20 m^3/t；选煤用水指标为0.029 m^3/t，优于《行业用水定额》(DB 61/T 943—2020)中洗选煤用水定额先进值0.06 m^3/t以及《工业用水定额：选煤》(水节约〔2019〕373号)动力煤选煤厂先进值0.06 m^3/t；本项目人均生活用水定额为0.281 m^3，选取周边煤矿指标进行比较，本项目人均生活用水指标在合理范围。

9.1.3　项目的取水方案及水源可靠性

9.1.3.1　取水方案合理性

按照"分质处理、分质回用"，最大化回用矿井水的原则，麻黄梁煤矿生产、生活用水全部使用矿井水，论证认为麻黄梁煤矿现有水源方案符合《水利部关于非常规水源纳入水资源统一配置的指导意见》(水资源〔2017〕274号)的有关要求，水源方案是合理的。

9.1.3.2　矿井水取水可靠性分析

(1)麻黄梁煤矿使用自身矿井水作为供水水源，符合国家产业政策要求，有利于水资源利用效率的提高，对于缓解当地水资源矛盾和促进经济发展具有重要意义。从经济技术角度来看，矿井水再生利用技术成熟，目前在国内已得到广泛使用，项目回用自身矿井水在经济技术上是可行的。

(2)经前分析，论证分别采用大井法和水文比拟法对麻黄梁煤矿的矿井水量进行了预算，选取大井法预算结果3 700 m^3/d作为本项目的正常情况下矿井水可供水量，选取大井法预算结果4 200 m^3/d作为本项目的最大矿井水可供水量，水量较为可靠且大于自身需回用的矿井水水量，能够满足煤矿用水需求。

(3)麻黄梁煤矿所采用的矿井水处理工艺成熟可靠、应用广泛，矿井水经处理后，可以满足项目生活及生产装置用水水质要求。

9.1.4　项目的退水方案及可行性

(1)经论证分析，按照"分质处理、分质回用"，最大化回用矿井水的原则，麻黄梁煤矿生活污水经污水管道收集送至生活污水处理站，处理后作为选煤厂及道路洒水，全部回用不外排；选煤厂洗煤产生的煤泥水采用浓缩机和加压过滤机处理后内部循环使用不外排；麻黄梁煤矿矿井水充分回用于自身生产及生活，剩余无法回用的矿井水经处理达标后排入场外高位水池及沙河沟水库，用于周边农田灌溉及塌陷区治理。

(2)经本次论证分析，麻黄梁煤矿生活污水全部回用，矿井水做到最大化回用；本项目回用处理后的矿井水 86.95 万 m^3/a，剩余有 48.1 万 m^3/a 处理达标后的矿井水外排至场外高位水池。

9.1.5 取水和退水影响补救与补偿措施

9.1.5.1 取水影响及补救与补偿措施

(1)麻黄梁煤矿将自身的矿井水再生利用于生产、生活，在此基础上多余矿井水经处理后满足《地表水环境质量标准》(GB 3838—2002)Ⅲ类及《农田灌溉水质标准》(GB 5084—2021)表 1、表 2 中旱地作物的水质标准后排入场外高位水池及沙河沟水库综合利用，一方面节约了新水资源，提高了水资源的利用效率，另一方面也避免了矿井水中污染物对区域水环境的影响，对区域水资源的优化配置有积极的作用。

(2)通过对麻黄梁煤矿导水裂隙带发育高度的计算分析，麻黄梁煤矿开采过程中，侏罗系中统延安组第四段碎屑岩类裂隙承压水结构将遭到破坏，其含水层中的地下水将涌入井下；导水裂隙带发育至新近系静乐组红土隔水层，平均距离红土隔水层顶部约 30.1 m，未发育至第四系潜水含水层，因此麻黄梁煤矿开采不会造成第四系潜水的漏失，观测到的麻黄梁煤矿实际矿井水不随季节变化即为佐证。

(3)通过调查，矿区范围内搬迁点已完成搬迁工作，因此麻黄梁煤矿取用自身矿井水，对其他用水户基本无影响。

9.1.5.2 退水影响及补救与补偿措施

经论证分析，在麻黄梁煤矿矿井水经处理后达到《地表水环境质量标准》Ⅲ类水质标准及《农田灌溉水质标准》(GB 5084—2021)表 1、表 2 中旱地作物的水质标准后用于周边农田灌溉及塌陷区治理，对区域水环境及其他第三方影响轻微。

麻黄梁煤矿在运行过程中,应对照本论证水资源保护措施章节所提相关补救措施进行逐项落实正常工况与事故工况下的水资源保护措施,确保矿井水最大化回用和矿井水的达标排放。

9.2　建　议

建议当地政府有关部门尽快推进实施矿区用水和排水的规划,进一步优化地表水、地下水、煤矿疏干水等水资源配置,充分利用煤矿疏干水。

参考文献

[1] 卞惠瑛. 煤炭开采对水源保护区影响的数值模拟研究以榆神矿区三期规划区为例[D]. 西安:长安大学,2014.

[2] 屈稚林. 麻黄梁煤矿 CT301 工作面窄条带膏体充填开采技术研究[D]. 徐州:中国矿业大学,2019.

[3] 张明燕. 矿坑涌水量预测[M]. 北京:地质出版社,2020.

[4] 雷亚军,杨建辉,王振兴,等. 特厚煤层综放面采空区注氮条件下自燃"三带"变化规律研究[J]. 能源技术与管理,2021,46(3):56-57,87.

[5] 刘永峰,史瑞兰,曹原. 陕西彬长矿区小庄煤矿项目水资源论证[C]//2021 年全国能源环境保护技术论坛论文集,2021:17-26. DOI:10. 26914/c. cnkihy. 2021. 022353.

[6] 郭欣伟,董国涛,殷会娟. 煤矿开采项目水资源论证中取水影响论证方法研究[J]. 中国水利,2018(7):18-20.

[7] 张青山,单元磊,殷素娟,等. 河南豫北某煤矿建设项目水资源论证[J]. 河南科学,2016,34(8):1283-1288.